Pier Luigi Tenci

LA CHIUSURA COSMICA
La prima rivelazione
Secondo i Codici di Cheope e di Chefren

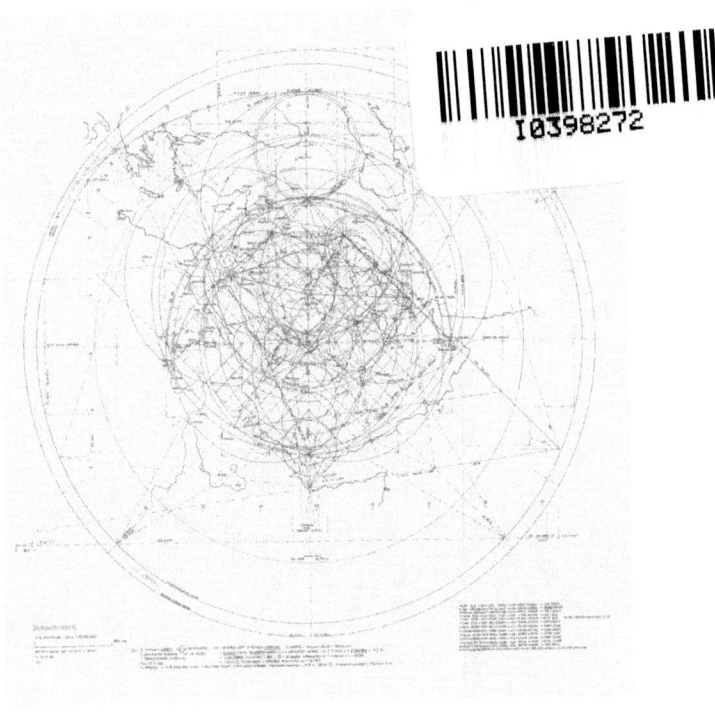

1- *La Chiusura Cosmica – Torino 1989-1993*
(Immagine tratta dal mio libro Gli Elohim e i Yahweh della Nuova Era)

© 2016 Pier Luigi Tenci. Tutti i diritti sono riservati.
ISBN 978-1-326-64087-3
Prima edizione – Marzo 2016

LA CHIUSURA COSMICA
La prima rivelazione

Prefazione e cronologia della mia scoperta:

In questo libro sono narrate le vicende che hanno fatto da cornice alla scoperta dei *Codici Egizi*. L'argomento illustrato si basa sulle epistole che inviai al mio referente amico Musicista in versione originale battute a macchina con una vecchia Olivetti elettrica degli anni 80. Oggi dispongo soltanto delle fotocopie di quelle lettere; mentre ho in versione originale tutti i disegni e i grafici che realizzai durante le svariate fasi della scoperta.

Quanto si verificò in quegli anni è piuttosto inusuale per la maggior parte di noi, io stesso confesso che quanto è avvenuto e i suoi contenuti, sono ancora avvolti da profondo mistero. La mia scoperta dei "Codici Egizi" non è tutta farina del mio sacco perché ho attinto da tutti gli antichi reperti archeologici e dagli antichi testi Sacri dai quali, ne ho compreso l'indissolubile legame reciproco. Avrò sicuramente commesso degli errori d'interpretazione al riguardo, e i miei studi sui misteri della Civiltà Egizia dovranno essere analizzati e studiati dalle future generazioni di ricercatori e studiosi.

Alcuni testi di riferimento *archeologici* e *sacri* da me utilizzati in quegli anni, non sono stati ristampati e suppongo siano reperibili solo presso le Biblioteche Nazionali, ove ho registrato anche il mio libro *"L'Era della Sacra Sfinge"* pubblicato da Lulu.com.

Mi ritrovai in quegli anni, in un viaggio inaspettato che mi trasportò oltre ogni orizzonte tangibile, senza che ne potessi trovar ragione e tantomeno fuggire. La "morsa" in cui fui pressato in quegli anni tra la fine del 1980 e i primi giorni del febbraio del 1993 fu ferrea e inviolabile. Solo dopo gli anni 97 potei abbandonare quei percorsi archeo astronomici ed attendere sino al 2005 prima di riuscire a scrivere quanto mi accadde nella prima edizione di questo libro. In questo libro io traggo gli spunti dagli scritti dei miei predecessori e ve li riporto in parte in maniera di avvicinarvi all'essenza religiosa che pervade l'esistenza dell'uomo sulla terra nei millenni. In questo modo il lettore ritrova i veri punti di riferimento sui quali è basato questo mio libro. Ad imprimermi la voglia di trasferire in un testo

quegli eventi fu un fatto curioso: la formazione di cerchi sul grano che avvenne a pochi chilometri di distanza da casa mia.
Mi recai sul posto, studiai le tracce impresse sul suolo e raccolsi i campioni di steli di grano che vedrete in questa nuova edizione del libro. Per mitigare la complessità degli argomenti trattati ho ritenuto indispensabile riportavi per esteso la cronologia degli eventi che mi portarono alla definizione della "Chiusura Cosmica" e della "Grande Stella" che potete vedere in scala ridotta in queste pagine.
Devo aggiungere che questo libro è il propedeutico per chi leggerà il libro "L'Era della Sacra Sfinge" pubblicato da Lulu.com nel 2011.
La mia speranza è che quanto è accaduto possa essere oggetto di future analisi da parte degli antropologi degli astrofisici, dei matematici, dei chimici e dei fisici. Gli archeologi potranno ritrovare l'esattezza delle planimetrie degli insediamenti Egizi e delle altre Civiltà che vissero nel nostro Pianeta nei millenni che furono. Le planimetrie e le cartografie furono alla base della scoperta dei Codici Egizi e quei documenti furono scritti dai miei predecessori. Io ho soltanto scoperto un nesso matematico che è rimasto celato per i millenni sino ad oggi e, non è ancora risaputo, se è giunto il momento che alcuni studiosi recepiscano il messaggio scritto dagli Antichi Egizi apparso all'occhio profano solo in questa nuova *Era Cosmica* di cui leggerete le *Origini* sfogliando i miei libri pubblicati anche nel Web.

La cronologia:

A questo punto non mi resta che iniziare a narrarvi la *cronologia della mia scoperta dei Codici di Cheope e Chefren*

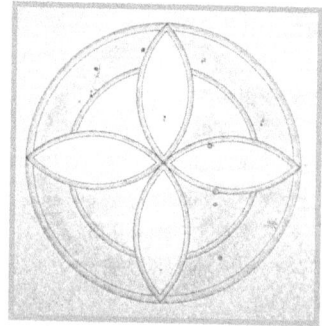

1- *Il Fiore – fu uno dei primi disegni appartenenti alla Chiusura cosmica.*

Anni *1987-* sino all'inizio del *1989* vi sono le prime epistole raccolte in un volume denominato *L'incontro*:

Fu del *5 Ottobre 1987* la prima missiva che inviai al Musicista. Ad essa allegai un nastro registrato intitolato *Gigi sinfonico*[1], con quattro mie prime esecuzioni di sonate per chitarra classica di mia composizione.

Il *12 Aprile 1988* gli espressi la suggestione che provai per il suo ultimo album e gli inviai un quadro intitolato *I due fratelli* che intendeva rappresentarci in età giovanile, raccolti in riflessione, sotto una grande quercia illuminata dal sole, nel declivio d'un campo d'orato e nello sfondo di un cielo brillante d'azzurro cobalto.

Il *19 Settembre* dello stesso anno, gli inviai una lettera ed un secondo nastro dal titolo *Gigi II*, con registrata una sonata per chitarra classica intitolata *La mia ombra è un albero*.

Le lettere si susseguirono costantemente in numero di *10* e l'ultima, portava la data del *29 gennaio 1989*.

Questa sequenza epistolare si può considerare propedeutica a ciò che accadde successivamente e si concludeva con la trasmissione di immagini radiestesiche, che videro la luce verso la seconda metà degli anni *70*, riguardanti il volto di un *Alieno*, la sagoma dell'astronave e le caratteristiche costruttive e di funzionamento, nonché riferimenti alla costellazione di *Ofiuco* ed a simboli comuni a certi ritrovamenti di immagini scolpite sui massi, di remote civiltà scomparse.

Anno *1989* – *11* epistole raccolte in un volume denominato *La Chiusura Cosmica*

Era il *10 Febbraio 1989* quando comunicai al *Musicista* la scoperta dei riferimenti cartografici nell'Asia Anteriore esattamente correlati con geometrie richiamanti perfette strutture architettoniche. Furono altresì scoperti i primi *3 punti della password* che successivamente servì a scoprire i *Codici delle Piramidi di Cheope e Chefren*.

Il *23 Febbraio* seguì una *missiva-diario* sul lavoro che stavo svolgendo nella riduzione delle emissioni inquinanti sui bus urbani.

---

[1] Molte delle composizioni citate nella cronologia sono udibili gratuitamente nel sito di myspace.com/Pierluigi.tenci

Il *2 Marzo* illustrai una prima evoluzione eseguita sulla grafica tracciata riguardante altri riferimenti geometricamente salienti e correlati con le importanti città di quei territori.

Il *15 Marzo* comunicai l'identificazione, matematicamente perfetta, della struttura delle piramidi di Cheope e Chefren, nonché l'esatto asse di declinazione terrestre e la scoperta del *4° punto* geometrico della password.

Il *20 Marzo* narrai l'interpretazione che fornì mia figlia Elena, allora di *9* anni, alla vista dei disegni che ormai assunsero forma definitiva di *La Grande Stella* e delle *Due Terre* che diverrà successivamente e compiutamente *La Chiusura Cosmica*. Ormai erano tracciati svariati disegni perfettamente correlati matematicamente con la scala 1 a 12 milioni sulla *proiezione conica equidistante di Delisle,* *alla tavola 23 del Grande Atlante Geografico De Agostini*. Diedi vita a quei disegni a partire dal *17 Marzo alle ore 10* per terminare il *18 Marzo alle ore 18,30*.

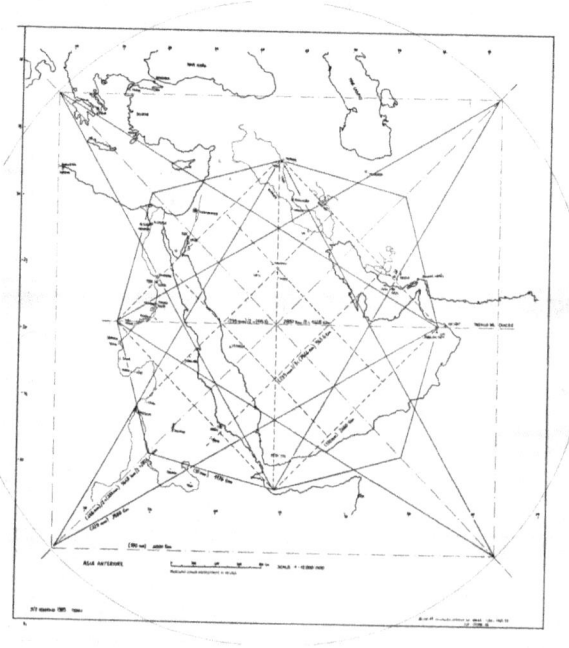

2- Origine della *Grande Stella*

Il *10 Aprile* comunico l'inserzione in scala geometrica perfetta, secondo i *Codici* ormai identificati, della *Luna, dell'arco dell'anno egizio di 365 giorni* e la posizione dell'ellisse dell'orbita di *Sirio A e Sirio B* ed il primo riscontro della correlazione matematica tra alcune città arabe e le stelle delle costellazioni del *Serpens Caput,* di Bootes ed Hercules e di svariati altri corpi celesti.

Il *14 Aprile* riscrivo citando i riferimenti biblici sulla *Quarta bestia con i denti d'acciaio* ed allegando una descrizione speculativa sull'abnorme consumo d'ossigeno da parte dei veicoli in raffronto a quanto ne respiriamo noi adulti ed i bambini.

Il *5 Maggio* trasmetto le immagini de *Il Principe* o de il *Creatore,* simbolismo estratto dalle geometrie racchiuse nella *Chiusura Cosmica* e dell'orbita di *Plutone* secondo la *decodificazione di Cheope e Chefren* ed una serie di altri disegni raffiguranti la traiettoria di avvicinamento di *Sirio* alla terra, il *Regolo* simboleggiante la *SS. Trinità* ed altri ancora.

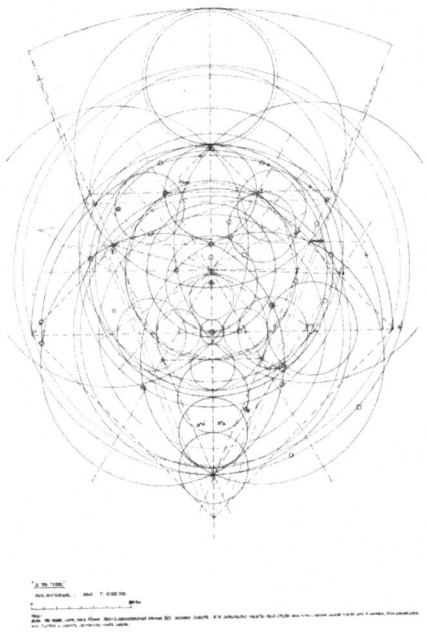

3- *Origine dell'Immagine de Il Principe o de Il Creatore*

Il *31 Luglio* ritornai al diario della mia vita ed al lavoro sulla tecnologia antinquinamento per i motori Diesel e per le caldaie e gli scrivo la canzone della *ninna nanna* che cantavo a mia figlia e che eseguii dopo per pianoforte. Allegavo alla missiva anche molti nuovi disegni riguardanti i *reperti proto dinastici di 6000 anni fa* ed il loro *matematico riferimento*, esatto nella scala secondo i *codici di Cheope e Chefren*, ai pianeti del nostro *Sistema Solare ed oltre*.
Illustravo con grafici l'unione geometrica tra i *disegni radiestesici* e la struttura del *Sistema Solare* riproposto nella *Chiusura Cosmica*. Riportavo alcuni disegni e passi sermonici che scrissi nella seconda metà degli *anni 70*.

Il *14 Novembre* esordii nella missiva così: ...oggi è avvenuta la "*Chiusura Cosmica*" ed il *Disegno* è completato.

Il *27 Novembre* esprimevo il mio rammarico perché la sovrintendente del *Museo Egizio di Torino* non mi concedeva l'autorizzazione a condurre le *misurazioni dirette* su certi reperti proto dinastici colà conservati. Comunicavo che ebbi a definire anche il *Quadrante Solare* ove è impresso il governo del tempo cosmico ed a scomporre i numeri riportati sulla *Genesi* nei *Patriarchi anteriori al diluvio*, nonché, a definire il valore del *Modulo Cosmico* e del relativo legame con il pi greco. Riportavo il legame riscontrato tra miei disegni degli anni *70* ed i parametri cosmici appena scoperti. Ritornavo al diario giornaliero dell'andamento dei miei lavori sulle tematiche dell'ambiente ed ai rapporti che mi accorpavano con le diverse vicende che si svolgevano al proposito in quegli anni.

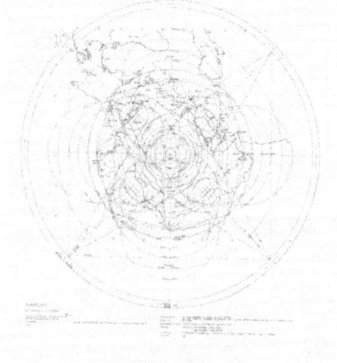

4- *La Grande Stella*

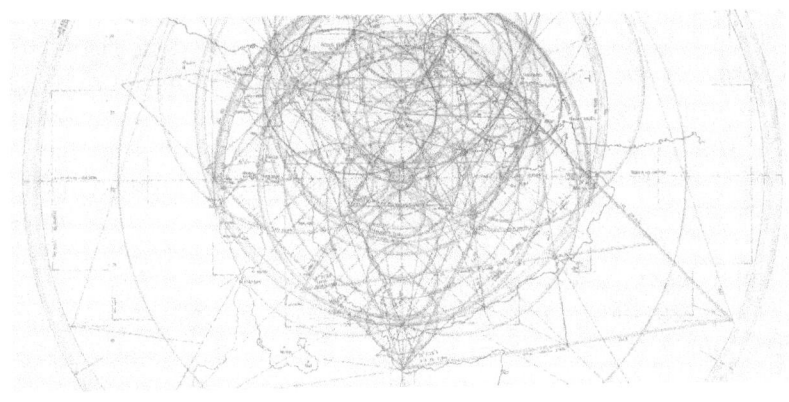

5- La *Chiusura Cosmica* - *(vista centrale del Triangolo Sacro e della Plutoniana)*

Anno *1990* – *18 epistole* raccolte in un volume denominato *Prima della Sacra Sfinge*

Il *30 Gennaio* in una missiva manoscritta, gli trasmettevo l'entusiasmo che provavo per le sue composizioni musicali.

Il *22 Febbraio* ritornavo al mio diario di lavoro esprimendo il mio rammarico perché s'ergevano alte mura tra me e l'attuazione dei lavori per l'antinquinamento atmosferico.

Il *20 Marzo* allegavo, alla missiva manoscritta, le copie di lettere da me inviate a uomini dell'apparato di governo, facendo notare il loro grave stato di abulia nel confronto d'interventi governativi, sui temi della tutela dell'ambiente.

Il *4 Aprile* nella missiva dattiloscritta espressi le mie emozioni per quanto stava palesandosi al mio sguardo con altre esecuzioni di disegni riferiti alla *Bibbia* che riproducevano gli oggetti sacri quali *l'Arca*, *l'Arca dell'Alleanza*, *La Tavola per i Pani*, *La Tenda* e molti altri. Costruzioni grafiche sulle misure originali riportate sull'*Antico Testamento* [2], ora apparenti sulla geometria e matematica del *Modulo Cosmico* scoperto nella tavola di *Re Narmer I*. Seguiva una lunga esplicazione sui rapporti celesti individuati e sulla filosofia che

---

[2] In quegli anni mi convinsi dell'anomalia insita nella Bibbia al riguardo di quel dio sanguinario ma solo nel 2015, ne ebbi la conferma grazie alla traduzione dall'ebraico di Mauro Biglino ed il suo libro *La Bibbia non parla di Dio*.

si ricollega al concetto *d'Unità e d'eternità* e compaiono i primi accenni, alla disobbedienza farisaica da parte delle istituzioni religiose, nei confronti del messaggio impartito dai diversi *Messia*. Si ravvivava il ricordo dell'abietto intervento religioso che invalidò le ricerche ed il proseguo della vita di *Galileo Galilei*. Alla missiva allegai svariati calcoli manoscritti delle decodificazioni matematiche relative agli ultimi disegni ed ai parametri terrestri e del Sistema Solare e la copia delle lettere sino ad allora inviate alla Sovrintendente del Museo Egizio di Torino.

Il *20 Aprile* allegai i calcoli aggiornati relativi al moto precessionale terrestre ai parametri dei *Codici di Cheope e Chefren* esplicando la perfetta relazione matematica intercorrente con il lato del triangolo sacro di *800/12mi* con il *Modulo Cosmico* ed il *pi greco*. Da questi calcoli si sviluppò il riferimento alla costante temporale degli eventi scanditi nel *Quadrante Solare* come ad esempio l'anno *Zero* di riferimento della nascita del *Messia*. Vi sono anche molti calcoli esemplificativi che permettono di comprendere la metodologia di riferimento temporale degli eventi salienti nell'arco degli ultimi *5800* anni e dei prossimi a venire.

Il *2 Marzo* v'è un altro stacco dal tema cosmico ed aggiorno il mio *diario di bordo* sulla questione degli interventi decisi dai governi, per fronteggiare l'inquinamento atmosferico tramite la diffusione sulle vetture delle marmitte catalitiche e l'uso della benzina verde, che alfine, peggioreranno le emissioni di anidride carbonica incrementando di fatto il fenomeno di effetto serra.

Il *22 Maggio* narravo al *Musicista* come avvenne l'acquisto del *pianoforte elettronico* usato e di come eseguii la prima sonata per organo nella chiesa della *SS. Trinità* del mio paese. Allegai a quella missiva la registrazione intitolata *Gigi III*, della durata di c.a. *90* minuti costituita da *6 brani* classici per pianoforte e chitarra, tra i quali anche quella speciale esecuzione per organo, intitolata *Gloria all'anno Zero*, che si riferiva appunto alla nascita di *Gesù Cristo*. Gli altri titoli sono: Sull'asse di Ninive – *Preludi prima di Urano* – *Nel centro di Urano* – *Gloria nell'Alto dei Cieli*.

Il *23 Maggio* riferii del mio sopralluogo al *Museo Egizio* di *Torino*, finalmente concesso dal *Sovrintendente*. Narrai come misurai i reperti proto dinastici grazie ad un calibro cinquantesimale, prestatomi da un amico che aveva un'officina di lavorazioni meccaniche di precisione e come si stupirono gli addetti al controllo del mio operato quando constatarono la grande precisione dimensionale di quei reperti di *6000 anni fa*, in particolare dell' *Anello di Vita* dal quale successivamente mi fu possibile calcolare con esattezza matematica i diametri di *Caronte e Plutone*. In questa missiva allegai tutti i disegni elaborati dai reperti predinastici del *Museo Egizio*. Tra essi v'era anche la riconferma del *Modulo Cosmico* data dalle dimensioni di un reperto che denominai *La Dima Cosmica*.

Il *28 Maggio* ripresi l'argomento della conferma del simbolo dato dal *"Triangolo Sacro"* di lato pari a *800/12mi* rappresentante la *SS. Trinità* contenuto appunto all'interno della geometria dell'*Anello di Vita* archiviato al *Museo Egizio*.

Il *29 Maggio* ripresi gli argomenti del mio diario di lavoro e di quanto stava accadendo intorno alla questione dell'antinquinamento dei motori *Diesel* dei bus. Allegai diverse fotografie attinenti al mio lavoro.

Il *31 Maggio* affrontai l'argomento dell'inquinamento subdolo ed impercettibile, ma notevole, prodotto dalle lampade che ci illuminano. Ed allegai una relazione intitolata i *piccoli respiri* perché, seppur la luce è inquinante, lo è sempre meno rispetto ai motori delle autovetture e dei camion.

Il *19 Giugno* narrai di un sogno di fantascienza ove in un'astronave atterrata venivano prelevati degli uomini per essere trasferiti altrove e studiati. Allegai altre fotografie attinenti il mio lavoro.

6- *La versatrice di mais*

Il *29 Giugno* ripresi certi argomenti relativi al mio lavoro.

Il *6 Agosto* inviai una missiva correggendomi su una frase che dissi in una precedente missiva, riguardante l'argomento della creazione dell'Universo.

Il *27 Luglio* scrissi della connessione simbolica, tra un mio dipinto del *1986* e *Geremia*, nell'*Antico Testamento* e dell'evoluzione delle linee che contraddistinguono gli assi della *Grande Stella* nel *mappamondo*. Allegai anche una frase, sottratta al mio diario, di cui riferirò in un secondo tempo.

L'*11-14 Settembre* esplicai gli argomenti della mia lettura nelle vacanze, *impostami* da un amico che mi diede un libro dei coniugi *Givaudan Racconti di un viaggiatore astrale*, che riportava ciò che mi stava accadendo creandomi altri spunti di riflessione. Ripresi gli accostamenti matematici con la *Chiusura Cosmica* in riferimento alle unità di misura utilizzate dalle diverse nazioni ed in particolar modo, descrissi il transito sulla terra degli assi della *Grande Stella*. Proseguii diffusamente in argomenti filosofici legati alla religiosità nella nostra esistenza riferendomi all'*Antico Testamento* ed ai *Vangeli*. Descrissi il ritrovamento di cristalli minerali *Ottaedrici* a base quadrata da me effettuati nelle vacanze appena scorse in *Selvena* e li disegnai nella loro speciale struttura cristallina. Fatto questo avvolto di mistero e fascino, riscontrabile anche in monili egiziani del *Medio Regno*. Furono allegati svariati calcoli manoscritti sulle unità di misura prima dette e varie fotografie dei cristalli trovati, nonché, di *boomerang* da me costruiti alcuni anni prima. Allegai anche l'articolo stampa che riportava l'immagine dell'abbattimento del muro di *Berlino* la sera del *9 Settembre del 1989*.

Anno 1990 – 1991: 5 *epistole* raccolte in un volume denominato *L'Era della Sacra Sfinge*

Il *30 Ottobre ed il 5 Novembre* scrissi un'*epistola* intrisa di profonda religiosità che conteneva i molteplici calcoli relativi alla scoperta dei *Sommi Eventi* avvenuti nei *5800* anni trascorsi, stigmatizzati nella geometria del *Quadrante Solare*. In quella, compare la prima tabella completa delle dimensioni planetarie del *Sistema Solare*, ove *Plutone e Caronte* appaiono già con i diametri rilevati due anni dopo dall'*Hubble Space Telescope*. V'è anche un primo elenco dei calcoli che riconfermano l'origine del *Modulo*

Cosmico e del *pi greco*, infine, compaiono i disegni allegati in scala ridotta di tutti i reperti predinastici che finalmente riuscii a misurare, qualche tempo prima, al *Museo Egizio*.

Il *21 - 28 Novembre 1990* v'è un'*epistola* intrisa di dolore correlato all'imminente *guerra del golfo* espresso in prosa ermetica e profetizzante, scaturita dall'analisi delle intersezioni geometriche dei disegni dei pianeti del *Sistema Solare* e di altri corpi celesti impressi nella *Chiusura Cosmica*. L'esegesi che facevo in quegli anni sui *Testi Sacri*, mi condizionò profondamente il pensiero e gli scritti epistolari ne furono l'espressione manifesta.

Il 4 Febbraio 1991, si ripete una missiva nella quale permane una rivelazione profetizzante, mentre la guerra del golfo era ormai drammaticamente avvenuta. Espressi ancora un profondo dolore, arcano quanto biblico, per ciò che l'uomo compì in quei territori ove appare impresso il *Cosmo* sulla terra. Quanto mi toccò scrivere e toccare con mano accadde senza ch'io lo volessi e ciò, mi fece percepire una sorta di violenza *Cosmica*, come se fosse avvenuta una tremenda profanazione nella *Simbologia* della sacralità del *Creato*, impressa in quella terra *dell'Asia Anteriore* .

Il *6 Febbraio* si chiuse, ancora nel medesimo tono, una missiva alla quale allegai la registrazione di una serie di mie *composizioni musicali*, ispirate appunto a quegli eventi intitolata *Gigi IV: L'Assemblea dei Popoli* , della durata di c.a *90 minuti*, eseguita per sintetizzatore, chitarra classica e scacciapensieri. I 7 brani sinfonici, contenuti in quella cassetta audio s'intitolano: *Il Primo Tempo – "Le Sabbie – l'Uomo – I figli dell'Uomo – I cieli, la Terra, il Mare – La Regina – Il tempo*. Un movimento musicale, appartenente a uno di questi brani, fu estratto ed orchestrato da un mio amico musicista. Questo brano arrangiato, dura c.a *15 minuti* ed è inciso in un disco digitale.

Il *20 Febbraio*, in un'epistola manoscritta, ritornai a far qualche accenno relativo al mio diario di vita quotidiana legata al lavoro ed alla precisazione di alcuni calcoli sulla tangenza dei due *Nettuno* sulla *Grande Stella*. In quella missiva, vi si ritrovano i calcoli che stabilirono la data d'inizio della nuova *Era Cosmica*, individuata al *1° Gennaio 1998*, nonché alla correlazione matematica con la mia stessa data ed ora di nascita, con gli incroci dei due *Nettuno* e gli assi della *Grande Stella*.

Le *epistole* contenute in questo volume sono particolarmente ermetiche ed intrise di religiosità biblica che io stesso temo. Ciò che s'esprime in quei sermoni non appartiene al dominio della materia finalizzata al proprio *ventre*, bensì si colloca in una dimensione trascendente che mi pervase in tutta l'opera che ora, vi sto cronologicamente illustrando.

Dal *25 Maggio al 29 Giugno alle ore 15 s'origina* il **IV libro** intitolato: *La Grande Leggenda* ed è costituito da un'unica epistola interminabile e ricolma di calcoli, scaturita dall'esegesi del *Testo sacro Buddhista intitolato Aforismi e Discorsi del Buddha*. Compaiono, oltre ai calcoli dei *Logaritmi del Buddha* scoperti dalla decodificazione dei misteriosi numeri riportati in quel testo, anche le scomposizioni, secondo i *Codici di Cheope e Chefren*, delle opere architettoniche delle civiltà della *Mesoamerica: Maya, Azteca ed Inca*.

Dai calcoli elaborati si evincono le esatte correlazioni matematiche con tutte le *costanti universali* ad oggi conosciute dalla *scienza sperimentale* e ne compaiono molte nuove che potrebbero essere oggetto di studi futuri.

In questo **IV libro**, oltre alla scomposizione dei numeri riportati nel testo *buddhista* citato, vi sono le ricostruzioni geometriche secondo le scale *Cosmiche* di tutte le opere architettoniche *Maya* e le relative conferme universali dei loro calcoli relativi ai tempi che governano il moto della terra. Si riportano anche le scomposizioni dei templi del culto ed anche della stele di *Palenque*. Si completa l'orologio cosmico rappresentato dal *Quadrante solare* dove si evincono i *Sommi Eventi*, da me individuati e citati, avvenuti negli ultimi *5800 anni*. Vi sono molteplici verifiche sui calcoli che governano le intersezioni cosmiche riportate nella *Grande Stella* e nella *Chiusura Cosmica* e ricompare la mia data ed ora di nascita. Questi eventi, riconfermati nel *Quadrante Solare* in seguito alle decodificazioni del Buddha, crearono in me un profondo imbarazzo perché mi toccarono l'animo e mi costrinsero ad accettare un ruolo di *volgarizzatore* al quale dovetti e devo forzatamente piegarmi sino a prova contraria. Se rinnegassi ciò che mi fu dato di vedere, mi sentirei direttamente travolto in un'azione imperdonabile secondo la *Legge Divina, Legge*, che appresi in quegli anni d'esegesi dei testi sacri.

All'*epistola* in questione vi sono allegate molteplici immagini esplicative dei templi *buddhisti* e delle terre dell'*Asia orientale*, ove si espressero le religioni legate al *buddhismo*, all'*induismo* nonché agli insegnamenti di *Confucio e di Lao Tsè*.

Tempo compreso da *Luglio 1991 a Marzo 1993*: In questo periodo di tempo, della durata di *20 mesi*, si evolsero gli studi scaturiti dalla decodificazione dei *Codici Buddhisti* ed originarono il *V libro dal titolo*: *Il Suono dell'uomo*.

Una registrazione di musica classica da me composta ed eseguita l'*11 Novembre del 1992* dal titolo *Gigi V, La grande Leggenda al 31° Evo Buddhista nel tempo del Sublime Metteyya e del Re Sankha*, propone *6 brani* della durata complessiva di c.a *90 minuti* eseguiti per pianoforte, chitarre classica ed acustica, armonica e sintetizzatore. (*L'intera collana degli 8° album delle musiche eseguite e registrate sino all'Aprile del 1996 s'intitola: Nel Quadrante del Tempo*).

A loro volta i brani, di questo *quinto album*, portano i seguenti sottotitoli: *Gennaio 1991, Prima che fosse Genesi 1985, Il Viaggio tra i Cieli e le Terre, il Fuoco e le Acque, Il ballo degli uomini, Nel Perdono, Gloria al Sublime che ha anticipato il suo tempo e parla agli uomini*.

Dal *9 Gennaio 1993 al 17 Marzo 1993, nel V libro*, v'è un'unica lunga *epistola* che descrive le scoperte appena avvenute relative ai *Codici dell'antica civiltà Maltese* il cui apice fu c.a *6000 anni* or sono.

In questo libro si accenna alla mia presa di coscienza di quello che oggi ho definito il *Primo Comandamento* da rispettare nella nuova *Era* appena iniziata.

V'e un'introduzione filosofica e religiosa connessa appunto all'esegesi dei *Vangeli Gnostici*, dove, si confermerebbe la mia supposizione relativa alla bestemmia sullo *Spirito Santo*; ovvero sulle Origini, di cui parlo diffusamente nel libro *L'Era della Sacra Sfinge*. Dopo questi argomenti inizio a descrivere la sostanza delle nuove scoperte. Queste portano il titolo:

La Civiltà Maltese nel segno della reciprocità nella conoscenza degli elementi universali: Ggantija – Hagar Qim, Hal Saflieni, Tarxien, Mnajdra 3600-3000 a.C.

Seguono, alla descrizione delle *planimetrie di Malta* le immagini dei ruderi dei templi e delle opere scultorie dalle quali potei individuare ed estrarre il codice matematico in correlazione con la *Civiltà Egizia*.
Dai loro reperti archeologici identificai le regole *Universali* che correlano le *32 classi cristallografiche, le Diatomee, il raggio di Bohr, il punto stabilito per lo Zero assoluto, le molteplici leggi fisiche e chimiche con le relative costanti*.
Tutti i loro templi furono decomposti in pianta, secondo i *Codici Egizi*, e ricollocati nel grande disegno della *Chiusura Cosmica*.
Colà s'evincono le *regole universali che correlano la distribuzione atomica degli elementi nel corpo umano, con le frequenze acustiche, e sulle frequenza delle note musicali tarate sulla base del La al corista di 439,971 Hz, nonché sulle frequenze visibili ed invisibili degli spettri delle radiazioni ad oggi note*.
Compaiono molteplici *nuove costanti fisiche* che scaturiscono dalla decodificazione delle statue *Maltesi*.
Tutta l'*epistola* è corredata di documenti scientifici tratti da testi specialistici delle materie trattate, con i relativi riferimenti grafici e matematici ad incrocio, a comprova di quanto esponevo nei calcoli riportati, appunto, nell'epistola in questione.

7- I due Fratelli

15 Giugno – 31 Dicembre 1993 ore 17,30: In questo semestre, s'evolsero gli studi anch'essi connessi con la decodificazione dei *Codici Universali egizi* ed originarono il *VI libro* dal titolo: *La Terra è se stessa*.

Anche nel *VI libro*, v'è un'unica lunga *epistola* che descrive le scoperte appena avvenute relative alle costanti fisiche della nostra terra e del *Sistema Solare*. In particolar modo emerge il calendario dei grandi cataclismi che sconvolsero la terra già *157 milioni d'anni fa* e diedero origine all'attuale assetto planetario.

In quest'epistola v'è la scomposizione del *Sistema Solare* prima dell'ipotizzata grande catastrofe cosmica che oltre ad aver modificato le dimensioni terrestri, portò *Caronte* nell'orbita attrattiva di *Pluto*ne divenendone satellite.

In quest'epistola compaiono tutti i calcoli che rimandano al metodo di estrapolazione sino a *36,6 miliardi d'anni fa* quando presumibilmente vi fu il Big Bang. Emergono anche i calcoli del futuro big Crunk; ovvero *quando l'universo si ricontrarrà in se stesso ritornando all'Origine*.

Fu calcolata la dimensione *dell'aura cosmica terrestre* e delle sue relative oscillazioni nel tempo, nonché, delle molteplici costanti fisiche note e nuove, che governano il moto della terra nel *Sistema Solare* secondo i *Codici egizi*.

Infine, oltre all'inserimento nella *Chiusura Cosmica* dell'esagono scoperto qualche mese prima dall'*Hubble Space telescope* su *Saturno*, vi sono riportati anche gli scritti estratti dai testi scientifici di fisica e della terra solida a comprova del contenuto epistolare esplicato.

Il VI libro raccoglie, per addolcirne l'espressione, molteplici immagini di miei quadri dipinti negli anni precedenti le scoperte.

Nella stessa data del 31 Dicembre si concluse anche la raccolta di tutti i disegni grafici nel *VII libro*. I disegni grafici, furono tutti eseguiti in perfetta scala matematica e sono costituiti da una velina ed un disegno colorato, sul quale si sovrappone la velina stessa, che si può altresì sovrapporre nei molteplici altri disegni costituenti l'evoluzione della scoperta. Essi furono eseguiti principalmente in dimensione *A3*, ma ve ne sono svariati altri, di dimensioni ben maggiori quali ad esempio la *Chiusura Cosmica* e la *Grande Stella*.

A corollario del *VII libro* vi sono anche le diapositive illustranti gli accostamenti delle veline sui grafici della *Chiusura Cosmica* o sulla tavola di *Re Narmer I*, per evidenziare all'osservatore il susseguirsi degli incroci geometrici tra i diversi punti salienti delle sculture pre dinastiche.

Dal *21 Ottobre 1994 al 20 Aprile del 1995* composi ed eseguii un *album di musica classica*, per chitarra classica e pianoforte, dal titolo: *Gigi 6°, La Terra è se stessa.*

I *10 brani contenuti in questa registrazione, della durata di c.a 90 minuti, sono intitolati: L'incontro, La Madre dell'Uomo, Il Sangue dell'Uomo, La Preghiera, Eva, Il commiato, La Settima parte, La Prova, La Cometa-Giove il cuore ed i cieli, Requiem.*
L'ispirazione di queste esecuzioni ha più origini e tra queste, v'è l'impatto della cometa *Levy-Shoemaker* con il pianeta *Giove* e la morte di un giovane musicista dell'*orchestra sinfonica di Torino.*

Nel *Giugno del 1995* scrissi una lunga *epistola manoscritta* intitolata *La cometa Shoemaker-Levy.*

In essa riprendevo gli argomenti del mio lavoro e del progetto di un nuovo tipo di compressore per frigoriferi portatili e del grande impatto che la cometa ebbe con il pianeta *Giove*. Allegai al manoscritto alcune immagini di miei quadri dipinti di recente e la pubblicazione della descrizione *dell'impatto della cometa*. Questa epistola non rientrerà nel contesto dei presenti e futuri miei libri.

Il *9 Gennaio del 1996* registrai l'album per pianoforte verticale in legno, dal titolo: *Gigi 7° Il cordone ombelicale"* ed è sottotitolato *Il lungo viaggio verso l'ultramateria.*

Gli *8 brani, della durata di c.a 90 minuti, s'intitolano: Andata, La visita e l'incontro, Il guado, Il commiato, Il ritorno, l'aiuto, il sostegno invocato, il sostegno accorato, Il ricordo gaudioso, I mestieri e la famiglia, Lungo la via di Poggio Montone ed il salice dai rami d'oro.*
L'ispirazione è tratta dalla semplice vita dell'uomo umile rispettoso degli insegnamenti ricevuti e dei valori umani indissolubili della famiglia e del lavoro:...l'uomo ritorna alla sera, dopo una dura giornata di lavoro, ed accanto al focolare ritrova la sua famiglia ed egli, è felice di poterla mantenere con il suo lavoro.

L'*11 Gennaio* dello stesso anno scrissi una lunga *epistola* alla quale allegai l'album *Gigi VII*, prima citato.

Nella missiva, anche questa integralmente manoscritta, inserivo molteplici immagini di quadri appena dipinti e narravo la tecnica di accordatore che dovetti applicare a quel pianoforte in legno con il quale eseguii le sonate sopra citate. Quel pianoforte era un antico strumento che doveva essere costantemente accordato, tra una sonata e l'altra, perché la struttura di supporto delle corde era in legno e non in ghisa. Anche di quest'epistola non vi sarà cenno nei miei successivi libri sulla scoperta.

In *Aprile del 1996* registrai l'album per pianoforte, dal titolo: *Gigi 8° A passeggio nei nostri cieli con la Cometa Hyakutake*.
    I *13 brani*, della durata di c.a 90 *minuti*, s'intitolano: *Il coro primordiale, Distanze remote, L'avvicinamento, In vista dei mondi, Il primo respiro, Il mistero, Il timore, Le domande, L'immensità dell'universo ed il suo moto, Vagando negli spazi interstellari, Mondi lontanissimi, Il ritorno nella nostra terra, Piccolo requiem per Mozart*.
L'ispirazione fu conseguente al transito dell'inattesa cometa in questione, ma poi alla fine, ricordo *Mozart* e gli accenno un piccolo requiem.

Il *31 Maggio* dello stesso anno scrissi un'altra missiva manoscritta allegandovi la registrazione prima detta.
    In questa epistola riportavo svariate ricette di fitoterapia apprese dagli studi che condussi negli anni precedenti e dagli insegnamenti di un maestro che m'introdusse alla materia. Allegai molteplici immagini del nuovo progetto da me realizzato in collaborazione anche con i giapponesi, di un frigorifero portatile totalmente riciclabile ed il disegno appena eseguito, di un nuovo tipo di motore per aerei o veicoli militari in genere ed adatto anche per la produzione d'energia da fonti rinnovabili.
Anche quest'epistola non sarà considerata nei prossimi testi.

Nel Giugno del *1997 registrai l'album*, per pianoforte presso l'auditorium di *Torino* in forma riservata, dal titolo: *Gigi 9°, La Cometa Hale - Bopp*.
    I *4 brani* contenuti in questa registrazione, della durata di c.a 90 *minuti*, sono intitolati: *L'Arrivo, musica ispirata a Shostakovich, La*

Vicinanza, musica ispirata a Chopin, *La Materializzazione*, musica ispirata a Beethoven, *L'Allontanamento*, *Il Requiem per Mozart*.
V'era un quinto brano che successivamente eliminai. L'ispirazione di queste esecuzioni ebbe origine dal transito della cometa in questione, ma l'esecuzione delle sonate s'ispira ai quattro musicisti che più mi furono accanto nel decennio appena descritto.
Con quest'esecuzione ebbe termine il ciclo delle scoperte *Cosmiche* illuminate dalla decifrazione dei *Codici di Cheope e Chefren*.

In *Settembre del 2005* terminai la scrittura della prima stesura di questo libro intitolato: *La Chiusura Cosmica*, che narra, in forma di prima divulgazione ancora piuttosto ermetica, i contenuti relativi alla *1^ rivelazione*.

Il libro fu stato stampato in prima edizione in proprio ed è stato aggiornato al Marzo 2014 in questa presente edizione.

«...La forza della verità è che essa dura...»
Ptahhotep 2400 a.C.

Saqqara – La Piramide a gradini di Re Gioser
III DINASTIA 2720-2650 a.C

"Re Gioser e le Sabbie"
Frith F., *EGYPT and the HOLY LAND in historic Photographs*, Dover Publications
New York 1980

Cap. 1 I cerchi nel campo di grano

- *I cerchi e la prima lettera.*

«*...Si sprigionò un'energia immensa che giunse sino a Caronte[3] quando in quel tempo, non era ancora il satellite di Plutone. Fu in seguito a quell'immane squilibrio che Caronte fu sospinto sino ad essere richiamato dalla forza gravitazionale di Plutone ed esserne così fatalmente attratto? ...*»

Un giorno, molti anni fa scrissi una lettera ad un amico.
Si trattava della prima di una lunga serie e, tra le tante, quella fu certamente la più importante perché mi scaraventò in un inarrestabile viaggio sino al confine tra le dimensioni terrene con quelle dell'*immateriale*.
In quegli anni, avvolto da un alone di magia, fui *guidato* giorno dopo giorno, sino alla scoperta della chiave di lettura dei *Codici* rimasti celati per millenni nelle piramidi di Cheope e di Chefren.
Forse in quei *Codici* è racchiuso il mistero del futuro dell'umanità?

In quella prima lettera si leggeva:

Caro Amico,
«...Ti confesso che un tuo brano musicale mi trasporta nel tempo della mia adolescenza e mi ricorda la visione di un perenne peregrinare d'intere popolazioni, che m'appariva spesso in sogno.
...la gente era costretta a fuggire senza sosta verso Ovest perché dei raggi solari caldissimi giungevano sino alla terra attraversando imperterriti la stratosfera.
Intere popolazioni furono sterminate da quelle roventi radiazioni. Si salvarono coloro che riuscirono a fuggire in una sorta di perenne migrazione cercando riparo. In cielo si ergeva un sole grandissimo di color lacca scarlatta un terzo nascosto all'orizzonte!...»

---

[3] Caronte è il satellite di Plutone, il più esterno tra i pianeti del sistema solare, quest'ultimo scoperto nel 1930 da C. W. Tombaugh nella posizione prevista da P. Lowell.

Ma prima di parlare di quella strana lettera vi devo raccontare ciò che m'è accaduto poco tempo fa e che mi ha stimolato a svelare i segreti racchiusi nei *Codici Cosmici*[4] delle Piramidi di Cheope e Chefren.
Alcuni giorni or sono, ho letto su un giornale che in un campo di grano vicino alla mia città erano stati avvistati dei grandi cerchi da alcuni deltaplanisti.
Così nel tardo pomeriggio mi sono avviato verso il luogo indicato!
Che cosa poteva essere accaduto in quel luogo?... Erano forse atterrati gli UFO?
No, non ho avuto conferma di questa possibilità: io non li ho visti, ma era certamente accaduto un fatto misterioso più dell'atterraggio di un UFO.
Quei cerchi furono individuati in un campo di grano che dista circa venti chilometri, alla periferia della città di Torino in direzione Est!
Quando sono arrivato sul posto, ho trovato un nugolo di persone che a testa bassa erano intente a scrutare il suolo raccogliendo campioni ed a domandarsi tra loro su che cosa fosse realmente successo in quel campo la notte tra il Sabato e la Domenica di quel mese di Giugno.
Ben presto arrivò un ragazzo a bordo di un fuoristrada. Era il figlio del contadino ed in stato d'esaltazione: iniziò ad inveire contro tutti noi, perché stavamo calpestando ciò che restava di quella parte del suo campo di grano:

«...sono due giorni che qui sembra d'essere alla fiera del paese con un via vai di gente insostenibile! Per cortesia andatevene!...».

Mi rivolsi a lui e gli feci osservare che ormai il grano in quel tratto di campo era stato da loro stessi mietuto a causa di ciò che era accaduto e quindi noi arrecavamo più alcun danno!
Ciò nonostante apparivano nitide le aree circolari, perché il grano in esse era schiacciato al suolo e la mietitrebbia non l'aveva raso.

---

[4] Legami matematici e fisici tra i rapporti geometrici delle opere architettoniche e/o scultorie, create dalle antiche Civiltà ed i parametri dell'Universo conosciuto.

L'animo del ragazzo era teso ed infastidito per il susseguirsi di tutti questi eventi incomprensibili che gli erano capitati tra capo e collo e si rivolgeva al padre con il cellulare chiedendo lumi su come comportarsi nei nostri confronti.

Foto dei cerchi: "Torino Cronaca" del 18 Giugno 2003

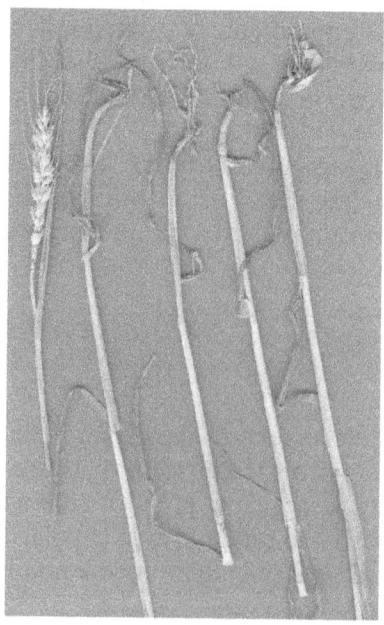

Steli di grano ricurvi da me raccolti nel campo di Perosa Canavese
Ivrea

Nel frattempo la radioattività letta con il contatore Geiger risultava essere sette, otto volte, inferiore alla media solita ad un metro dal suolo in quella zona. Secondo il giudizio dell'operatore che stava compiendo le analisi, il basso valore di radioattività poteva essere dipeso dalla pioggia caduta il giorno prima.

Potrebbe essere semplicistico attribuire alla pioggia una così gran riduzione della radioattività?

La pioggia caduta era troppo poca per inzuppare a fondo la terra sottostante; inoltre ho raccolto molteplici steli di grano dalle radici e la terra in esse trattenuta non era assolutamente bagnata.

E come se non bastasse, si deve tener conto che l'impiego di fertilizzanti potassici e fosfatici, così come possono essere stati certamente usati dai contadini, avrebbero sicuramente incrementato il livello naturale di radioattività al suolo!

Quindi quella forte riduzione da quale energia *contraria* era stata provocata?

Forse proprio da quella *presenza sconosciuta* che ha generato quei cerchi?

Potrebbe essere e sono certo che è avvenuto qualcosa di incomprensibile in quegli steli di grano: è avvenuto in un tempo relativamente breve forse in un attimo, perchè nei dintorni nessuno s'è accorto di cosa stava accadendo

L'energia necessaria per compiere tutto quel lavoro era stata notevole e d'onde poteva essere giunta?

Inoltre s'è estrinsecata in tempi brevi e quindi, secondo la legge della conservazione dell'energia, sarebbe stata necessaria una notevole *potenza* [5] per generarla in quel breve lasso di tempo in cui s'è verificato il fenomeno.

Sarebbe occorso un grande generatore elettrico attrezzato in modo speciale, ma quest'oggetto non avrebbe forse lasciato le impronte al suolo?

Non v'erano tracce al suolo per assecondare quest'ipotesi ed inoltre, il rumore prodotto dal macchinario avrebbe svegliato le persone che dormivano nelle case vicine al campo!

Allora quell'energia misteriosa da quale dimensione sarebbe giunta?

---

[5] Ad esempio il fulmine è un fenomeno di brevissima durata dotato di grande potenza elettrica perché la sua energia l'estrinseca appunto in un baleno.

Lì, non ho costatato modificazioni violente come solitamente esercitano i nostri metodi!
I sassi alluvionali, rotondeggianti e lievemente rivestiti della loro sottile coltre di microrganismi vegetali di colore verde, affioravano oltre il grano adagiato al suolo e quei sassi non mostravano assolutamente neppure un'abrasione superficiale.
Questo fa certamente pensare che non siano stati utilizzati organi meccanici per schiacciare al suolo quel grano!
Poi che cos'altro ho fatto per accertarmi dell'eventuale esistenza di prove che dimostrassero l'opera d'un trucco umano?
Ho raccolto parecchi campioni di steli di grano piegati, comprendenti le radici e le spighe ed ho costatato che sono stati curvati alla base dell'attacco con la radice senza creare in loro rottura alcuna.
La piegatura è stabile, non raddrizzabile, quindi è avvenuta una metamorfosi nell'allineamento delle fibre e delle cellule del tessuto vegetale.
È avvenuto un cambiamento anche per l'abnorme ingrossamento dei noduli che erano verdi, anziché possedere il color oro, tipico dello stelo ormai giunto a maturazione. Le spighe di grano che ho raccolto, ancor oggi, hanno conservato intatta la deformazione laddove sono state colpite da quelle *radiazioni*!

Da quanto ho visto mi convinco che non siano intervenute forze meccaniche, ma una forma d'energia *misteriosa* e *superiore* che è perfettamente in grado di dominare e controllare le cellule e quindi il tessuto vegetale, consentendo quindi la curvatura dello stelo che si adagiava con un raggio variabile da 10 a 15 millimetri.

Quest'energia misteriosa, questa forza sconosciuta pare possieda un'intelligenza sovrumana, infatti è in grado di selezionare uno per uno gli steli del grano su cui agire e sformarli sino allo schiacciamento al suolo. In questo modo quelle *forze* sono in grado di ottenere qualsiasi geometria desiderino riprodurre?
Dalle fotografie che ho scattato sugli steli e sulle spighe di grano si possono osservare queste caratteristiche riguardanti le deformazioni.
Si può costatare come non vi siano in essi tracce di rottura dovuta a calpestio meccanico e potrete anche scorgere il nodulo allungato in modo anormale di color verde chiaro! Questo fenomeno mi rimanda

a quand'ero bambino, là in Selvena[6], quando osservavo con attenzione lo zio Crescenzio[7].
Lui sapeva piegare ad arte i rami di legno di castagno, per ricavare dei magnifici bastoni da passeggio e ricordo che lo zio usava la tecnica del calore.
Il calore ricavato dalla brace agiva sul legno ancora fresco e permetteva alle fibre di distendersi per curvare quello che sarebbe diventato il manico del bastone e la curvatura così ottenuta, resta stabile per sempre!
Però in quel campo di grano io non ho visto traccia di fonti di calore ed in quelle curve degli steli di grano, nonché nei loro noduli ingrossati, non v'era parvenza di surriscaldamento.
Con molta fantasia potrei congetturare che abbia agito un irraggiamento ad alta frequenza, come quello dei moderni forni a microonde che scaldano in un batter d'occhio le vivande, purché contengano acqua!
L'improbabile generatore di microonde da me ipotizzato, quanto doveva essere grande per surriscaldare gli steli del grano in una così grand'area com'era quella racchiusa da quei cerchi di svariati metri di diametro?
E come sarebbe stato possibile alimentare questo gran *forno elettronico* e con quale fonte d'energia?
Forse sarebbe stato alimentato con un generatore elettrico del tipo elettrogeno come accennavo poc'anzi?
Ed ancora, tutta quest'attrezzatura sarebbe forse stata sospesa tramite una fune calata da un *silenzioso* dirigibile notturno?
In ogni modo la analizzo, questa questione mi sconvolge.
Pare che queste mie congetture siano solo ipotesi fantastiche e quindi assai lontane della realtà che, forse prima o poi, ci sarà concesso di conoscere!
Ora però non intendo inoltrarmi oltre in questo terreno, dove tutto è così impalpabile etereo, per nulla sensibile.
È chiaro a tutti noi che non disponiamo d'alcuna spiegazione coerente per dimostrare questi fenomeni! Sappiamo che esistono e

---

[6] Piccolo paesino dell'alta Maremma a 690 mt. s.l.m. nella provincia di Grosseto.
[7] Era detto *"il Palli"* perché partiva per la caccia con una sola cartuccia in canna e ritornava puntualmente con la selvaggina impallinata.

sono ripetitivi, almeno stando a quanto abbiamo letto nei vari articoli comparsi sui quotidiani di molti Paesi.
Si legge anche che questi cerchi si stanno formando ormai in tutto il mondo, con notevole frequenza.
C'è anche chi dimostra che si tratta solo di scherzi compiuti da giovani burloni.
Adesso anche noi potremmo fare gli gnorri, e dire che anch'io, ho avuto le traveggole od un abbaglio come tutti coloro che mi hanno preceduto?
Ma se dentro il nostro animo restasse la pur minima traccia del sospetto che tutto ciò sia stato generato da una realtà a noi ignota, allora non ci conviene forse assentire che siamo incapaci a comprendere ciò che sta accadendo e rassegnarci?
Ripensando al mio passato ricordo che all'inizio del 1990, mentre ero intento a ricercare i legami matematici del Sistema Solare con gli antichi reperti egizi lessi in un quotidiano una notizia su degli strani cerchi che comparvero in un campo di grano in Inghilterra, ma in quegli anni non avevo nessun elemento concreto per analizzare il fenomeno e come *Tommaso* sono stato a guardare sino ad oggi, cioè sino a quando non ho *toccato* io stesso con mano quegli steli di grano piegati al suolo.
Adesso, dopo quanto ho visto non mi sarebbe più concesso sprofondare la testa nella sabbia come fanno gli struzzi!
Ammetto che il fenomeno che ho visto e *toccato* con mano, mi pare del tutto autentico e quindi sono portato a credere che sia stato prodotto da energie *ultraterrene*!
Può essere evidente tutto ciò, ma noi non siamo in grado di comprendere quale *incredibile macchina sovrumana* potrebbe essere in grado di svolgere questo lavoro.
Al pari non possiamo più fingere sulla realtà di questi fenomeni perché rischieremmo di passere dalla *padella* alla *brace*.
Tutte queste supposizioni sono ragionevoli ed è altresì vero che certi gruppi editoriali hanno iniziato a cavalcare questo filone, riportando svariati documenti a testimonianza della veridicità di tali fenomeni.
Il mistero che avvolge questi cerchi è grande, ma io desideravo parlare di qualcosa di più *terreno*, almeno come primo impatto: qualcosa che riguarda le grandi piramidi egizie di Cheope e di Chefren in Al Gizà, nei pressi del Cairo in Egitto.

Inizierò a narrarvi ciò che m'è accaduto a piccoli passi e com'è avvenuto il rinvenimento dei Codici in esse contenuti.
Per molti anni ho taciuto, tentavo di rimandare le spiegazioni ad un altro momento, ma ora ho la sensazione che non mi sia più *concesso* astenermi da quest'appuntamento con voi amici!
Questo nuovo fatto dei cerchi mi ha rapito ed il tempo è volato via veloce, come un gabbiano al vento!
Mi sono allontanato dall'argomento al riguardo della prima *rivelazione* che apparve al mio sguardo.
Quella fu di fatto il *viatico* che mi condusse a scoprire la chiave di lettura del *Codice Cosmico* di Cheope e Chefren.
Da quel *Codice Cosmico* credo s'origini un magico filo conduttore universale d'unione, tra gli esseri umani e le dimensioni dell'*ultra materia*.
Sono certo che, anche per i *cerchi* presto o tardi, si potrà confermarne l'autenticità e se così fosse, ricollegarli alla scoperta che mi accingo a rivelare in questo libro.
Suppongo che anche i *cerchi* potrebbero essere il frutto di una *luce* di cui noi adesso non godiamo ancora della comprensione ed azzardo l'ipotesi che in essi siano riposti dei messaggi, che alla fine saremo in grado di *decifrare* insieme, utilizzando i formulari trascritti nel "Codice"[8].

1.1- L'origine dell'Universo

Può darsi che nel *Codice Cosmico* contenuto nelle piramidi di Cheope e Chefren vi possa essere la base matematica per decifrare anche quelle *geometrie* impresse nei campi ove cresce il più importante nutrimento per l'uomo?
È probabile che si potrà chiarire ciò che quelle *geometrie* rappresentano realmente?
Io tenterò di fornirvi alcuni *strumenti* affinché possiate proseguire sull'indagine *ultra dimensionale* [9] da me iniziata e chi lo vorrà potrà

---

[8] Si tratta dei 7 libri manoscritti in versione integrale, ove sono riportate le decodificazioni della scoperta in questione, riproposte sul disco digitale.
[9] Inteso come *universo* appartenente a dimensioni imperscrutabili dai nostri sensi esteriori.

approfondire le proprie conoscenze sulla traccia di quanto è istruito nei 7 libri del "Codice"!

Le *geometrie* di riferimento delle misure e della disposizione dei cerchi potrebbero possedere la stessa base di calcolo celata da quattro millenni e mezzo, nelle Piramidi di Cheope e Chefren?
Da oltre sei millenni, nelle Tavolozze da Belletto protodinastiche Egizie?
E da almeno 25000 anni, sulle statuine chiamate le Veneri di Lespugue e di Willendorf?

Queste statuine appartenevano alla misteriosa civiltà che popolò il nord Europa oltre 25000 anni fa, tra i territori del Reno e del Danubio.
Però quel *codice* esecutivo *ultraterreno* potrebbe essere datato o più semplicemente esistere, sin dall'origine dell'universo materiale?
Il tempo che è trascorso dalla formazione dell'universo, secondo i calcoli condotti utilizzando le formule con i valori del *Codice Cosmico* di Cheope e Chefren, potrebbe essere di almeno 36^{10} miliardi d'anni!
Vale a dire che il momento in cui la volontà Divina ricadde nella materia generando l'universo di cui noi siamo parte integrante è proiettato ben oltre i 15-18 miliardi d'anni ipotizzati attualmente dagli astronomi?
Intendo riferirmi proprio al big bang, cioè all'origine di tutto ciò che è materia.
Tutte queste possibilità stanno forse complicando terribilmente il nostro quadro globale d'accettazione?
Non era già oltremisura arcana la questione dei cerchi?

Con calma e parsimonia scalfirò l'aura che protegge questi argomenti *ignoti* e gradualmente spiegherò i nuovi punti di partenza speculativi della nostra ricerca introspettiva che sono emersi in

---

[10] Secondo le attuali conoscenze si sa che: «..La natura dimensionale della costante di Hubble è t-1. Il suo inverso viene definito tempo di Hubble e misura - nell'ipotesi di H costante nel tempo - l'età dell'Universo. a partire dalla sua emersione dalla singolarità iniziale. Con il valore generalmente accettato
$H = 55$ Km s^{-1} Mpc $^{-1}$
tale età si aggira intorno ai 20 miliardi di anni, prudentemente riducibili a 15-18..».

quegli anni in cui mi si materializzò appunto il ritrovamento della *chiave di lettura dei Codici* di Cheope e Chefren.
Tutto ciò avvenne nello scorso decennio!
Così è che nella raccolta dei 7 libri che saranno ripresi in un disco digitale potrete ritrovare, ad esempio, il procedimento di calcolo convertito dal *Codice buddhista* degli *Aforismi e Discorsi del Buddha*[11] risalente a circa 500 anni prima di Cristo!
Con questo procedimento di calcolo sarà possibile risalire sino all'origine dell'universo ovvero al big bang?
Questo strumento può essere considerato, in pratica, un vero e proprio calendario Celeste che può essere consultato ed utilizzato dagli astronomi e dagli scienziati per trasferire ai governi dei popoli futuri i consigli sul comportamento reciproco al quale si dovranno attenere?
Ma non finisce qui, perché ci si potrà anche proiettare nel tempo futuro sino al big crunch[12].
Vi confesso che con queste parole mi riferisco e confermo le ipotesi sostenute dallo scienziato Fridman circa un ritorno alle origini in un tempo lontano, dell'universo ovvero, del ritorno allo *Spirito Puro* del Dio Creatore!
E come se non bastasse sul "Calendario Cosmico"[13] vi sarà pure il formulario per prevedere quando ciò avverrà?
Se così fosse si potrebbe trattare di uno strumento pericolosissimo se utilizzato da gruppi di potere?
   Sì, mi rendo conto di questo potenziale pericolo, ma quello strumento io ve lo trasmetterò e così tutti lo conoscerete!
In questo modo la pericolosità sarà immediatamente annullata.

---

[11] Aforismi e Discorsi Del Buddha a Cura Di Mario Piantelli Editori Associati S.p.A.
[12] «7...La materia sarà distrutta oppure no? Il Salvatore disse: Tutte le nature, tutte le formazioni, tutte le creazioni sussistono l'una nell'altra e l'una con l'altra, e saranno nuovamente dissolte nelle proprie radici.
Poiché la natura della materia si dissolve soltanto nelle (radici) della sua natura. Chi ha orecchie da intendere, intenda». *Tratto da il : "VANGELO DI MARIA», Papiro 8502, «I Vangeli Gnostici» a cura di Luigi Moraldi. Pag.23*
[13] È un diaframma di calcolo degli eventi Cosmici riportato nella raccolta delle tavole di calcolo del settimo libro.

In questa mia narrazione non avrò segreti com'era per i Sacerdoti e gli Scribi delle antiche civiltà nei confronti degli uomini!

Opererò esattamente all'opposto, perché in quel *Calendario Cosmico*, di cui vi ho fatto menzione, compaiono i calcoli che dimostrano che è iniziata nel Gennaio del 1998 una nuova Era[14] che durerà circa 5800 anni.

In questa nuova Era, sita nel *2°* «Quadrante Solare» [15], emerge dai calcoli *"...Ciò che era non sarà..."* e quindi se prima era il segreto ora sarà la divulgazione!

Appaio alquanto *astrale* oppure assomiglio ad un *Profeta ...dell'ultimo minuto?*

Potrebbe sembrare; ma scopriremo insieme che alla base delle *rivelazioni* v'è ben altro della sola *farina del mio sacco!*

Nel racconto che vi farò si lascerà vedere che io ho solamente trascritto certi argomenti che sono da sempre impressi in quella che ho definito la "Memoria Cosmica"!

Oh oh!...Sto forse viaggiando troppo veloce verso altre dimensioni?

In questo fatato avvicendamento d'essenze *cosmiche* di cui vi sto dando le prime tracce, perchè tutto ci sembra straordinariamente misterioso?

Da noi ci sono le edicole ricolme di riviste dei più svariati argomenti, ci sono le comunicazioni quotidiane dei *mass media* attraverso ogni mezzo di trasmissione e vi sono gli uomini super informati su ciò che accade nel mondo in tempo reale!

Ma tutto questo sapere, è squisitamente terreno e *fisico*, come la pasta asciutta che si mangia a pranzo!

Per farvi conoscere quel *mondo,* vi trasporterò in territori di confine tutt'ora ignorati dalle regole della fisica sperimentale.

Vi parlerò proprio a tal riguardo e scoprirete che paradossalmente ed esclusivamente è proprio dalla scienza sperimentale, evoluta sino al nostro tempo, che ho tratto gli strumenti per viaggiare in quelle dimensioni *Ultraterrene!*

---

[14] Io l'ho battezzata «L'Era della Sacra Sfinge», conseguentemente ai riferimenti matematici che la inseriscono nel Calendario Cosmico.
[15] È un modello matematico descritto per la prima volta nel 4° libro e serve per effettuare il calcolo degli eventi cosmici.

Sarà necessario molto tempo e spirito d'accettazione per seguire questo lungo cammino *Astrale e Cosmico?*
Tutto quanto è emerso era già impresso nelle opere compiute dall'*Uomo Illuminato* vissuto nei millenni trascorsi?
Sì, era già stato tutto *codificato* molti millenni or sono e per questa ragione, s'intuisce sicuramente che si tratta di una *proprietà* di tutto il genere umano che non può restare in nessun forziere nascosto.
Oggi ho iniziato a parlarvi di verità rivelate che sono emerse dal *Velo squarciato*, liberando l'oblio che le ottenebrava. Dalla fenditura generatasi s'intravedono scintillare energie impalpabili seppur possenti ed onnipresenti.

Il percorso che ho seguito per giungere alla decifrazione dei *"Codici"* riportati nelle scritture Sacre e nelle Opere scultorie od Architettoniche, mi è stato *indicato* dall'*intuizione* e... dalla *guida* inconscia elargitami da Liliana[16] e da qualche amico.

Solo in un secondo tempo, speculata dal ragionamento squisitamente contemplativo.
La decifrazione del *Codice* è rimasta celata sin dalla notte dei tempi, nei simboli e nelle *geometrie cosmiche,* con cui furono foggiate le opere scultoree od architettoniche dagli Artisti delle antiche civiltà.

Molte di queste opere scultorie e pittoriche furono rinvenute in epoca recente durante gli scavi in Egitto, ad esempio!
I miei amici si ricordano il rivolgimento interiore che mi pervase in quegli anni che m'obbligò ad una sorta d'isolamento contemplativo forzato!
In quel tempo non comprendevo quanto mi stava accadendo e non riuscivo ad aprire bocca su quanto m'accadeva.
Perché stava succedendo tutto senza che io lo volessi?
Quelli furono anni di studi, d'analisi e ricerche di confine, ove lo *scibile* umano era frammisto costantemente con il *Trascendentale* riportato nei testi Sacri!

---

[16] La mia amata guida e compagna di vita che diede alla luce mia figlia Elena. Liliana mi procurò a sua insaputa, lo strumento principale per scoprire la Chiave di lettura dei Codici delle grandi Piramidi di Cheope e Chefren. *(Si trattò del Grande Atlante Geografico De Agostini Novara, dov'era rappresentata la cartografia dell'Asia Anteriore nella proiezione conica equidistante di Delisle nella scala 1 a 12 milioni).*

In questo momento mi sto accorgendo come il mio subconscio, reagisca ancora violentemente al ricordo di quell'evento!
Ho appena iniziato ed il mio *io* già si ribella intollerante oppure abbagliato?
Mi domando nuovamente quanta forza mi occorrerà per illustrarvi il seguito degli eventi, giacché questo breve accenno ha già creato nel mio animo un profondo turbamento.
Sta accadendo anche a voi?
Di quali scoperte parlerò?
Che cosa devo comunicarvi?
Solo ora riesco a intravedere l'essenza d'insieme di ciò che è emerso dalle *rivelazioni* che ricevetti!
Stai calmo!... Questa è l'imposizione che mi scaturisce dal cuore... ed ascolto quanto mi detta.
Converrà che proceda per piccoli passi e progressivamente, in maniera che vi possa elencare tutto ciò che mi accadde.
Dovremo vincere insieme la paura dell'ignoto ed il dubbio che ci assale, ci dovrà tenere svegli ed attenti, specialmente quando si toccheranno certi argomenti *Trascendenti* la cui origine si perde nella notte del tempo!
Ora abbasso la testa ed in uno dei due libri che ho accanto a me, la Sacra Bibbia, riporterò la voce di Mosè.
Poi aprirò il secondo libro e vi leggerò le parole di Tomaso e di Filippo.
Più avanti, vi leggerò le Parole dei *Maestri Messaggeri* dell'Asia: Buddha, LaoTzè, Confucio, e dell'Antico Egitto.
Mi esprimerò con le loro parole: di Mosè e di Gesù Cristo o degli altri *messaggeri*, perchè dalle Loro parole, scaturisce il legame con tutto quello che s'è svelato al mio sguardo e voi ne sarete i diretti testimoni!
Dovete sapere prima di tutto, che non posso parlarvi di ciò che non mi *appartiene* come se si trattasse d'opera mia!
Con questo spirito intendo dimostrare che in origine tutto era già stato... detto!
A me è stato trasferito uno strumento per alzare un *Velo* su alcune *essenze* che ora appariranno a tutti noi nella loro nudità!
Ognuno di noi potrà penetrarvi in quello squarcio per quanto lo spirito gli permetterà.

Potrà anche trarre un proprio giudizio che non sarà più isolato in un'alcova, ma sarà nella libera coscienza di chiunque lo desideri riconoscere!

Dopo i millenni trascorsi e dopo gli insegnamenti ricevuti, non intendo commettere anch'io l'*errore* che *percosse* inavvertitamente Mosè ed Aronne nell'Antico Testamento a proposito delle acque di Meriba e tra breve, inizierò a leggervi cosa è scritto in quel *Libro* dei *Numeri*.

Non si comprende dove intendo andare a parare?
Perché vi avvio spudoratamente verso questi contatti mistici e religiosi riportati sull'Antico Testamento?

Questo fare non è forse di competenza dei Teologi?
Sì, certo tutto ciò non è affare mio, ma semplicemente mi riferisco al fatto che m'è stato dato modo di scoprire una *"chiave di lettura"* celata da migliaia d'anni anche nei testi sacri.

Ecco perché vi leggerò alcuni passi in essi contenuti!
Anche i "Codici segreti" nelle grandi Piramidi di Cheope e di Chefren hanno a che fare con il Verbo contenuto nei Testi Sacri e vedremo in quale modo siano connessi tra loro!

Vi assicuro che quel *segreto* l'ho svelato essenzialmente tramite l'*illuminazione primitiva* e la guida *imperscrutabile*, operata da altre dimensioni!

Secondo questa mia asserzione, da quale dimensione sarei stato stimolato o guidato?
Ritengo che ciò sia avvenuto allo stesso modo di come si ripete da decine di migliaia d'anni tra noi esseri umani.

Ovvero ciò avverrebbe attraverso un collegamento *ancestrale* con l'*immateriale* e più precisamente con quella che ho definito la "Memoria Cosmica".
Secondo le *rivelazioni* ricevute appare in forma accettabile che in questa dimensione *ultraterrena,* vi attingano gli uomini dotati di un particolare RNA-DNA e ciò, dovrebbe avvenire in tutto l'universo!
Ma ci sono prove tangibili di questa teoria *immateriale*?
In tutto l'universo vi saranno altri esseri *illuminati* dal Genio Creatore come è per l'uomo della terra?

Le prove che ho individuato ve le esporrò senza esitare, e saranno *veritiere* perchè non intendo mistificare quanto m'è stato trasferito dal *messaggio dell'Origine*.

Questo comportamento mi è facilitato anche perché non ho alcun potere temporale da tutelare in questa terra, quindi non ho nulla da *nascondere* od *alterare* per secondi fini!
Più avanti vi leggerò anche gli scritti sapienziali egizi di almeno 2700 anni prima di Cristo e scoprirete che in essi v'è la stessa Parola ridetta da Gesù Cristo nell'anno *zero*!
Sbrodolerò consunte panzane teologiche, oppure una sorta di verità?
Od almeno la mia ipotesi è realmente basata su un'*illuminazione* ricevuta?
Sto comprendendo quanto m'è accaduto?
Sarò capace di trasmettervelo?

Ci domandiamo perché il *Dio*, a cui si riferisce l'Antico Testamento, permette che sia sparso il sangue di moltitudini d'innocenti sulla sabbia delle terre dell'Asia Anteriore, sin dalle epoche più remote!

Scavalchiamo le nostre possibilità umane di comprensione?
Come possiamo spiegarci ciò che non abbiamo fatto e non stiamo facendo noi?

Il *dio* di Caino ed Abele, certo non era quello dell'Antico Egitto di 2700 anni prima di Cristo e tanto meno, quello a cui ci ha riportati Gesù Cristo ed i messaggeri delle Asie che l'hanno preceduto.

In ogni caso il sangue versato nel Sudan come quello del Ruanda e di tutti i paesi della terra, potrebbe nutrirsi dalla *bestemmia* perpetrata negli ultimi secoli contro lo Spirito Santo?
Questa domanda scaturisce spontanea, accedendo alla decodificazione dei *Codici* di Cheope e Chefren in relazione al Verbo riportato nei Vangeli ortodossi e nei Vangeli Gnostici!

Infatti questa interpretazione appare limpida, proprio nelle frasi dette dal Messia e riprodotte dai discepoli in entrambe i Vangeli.
Intravedo in quel *Comandamento* rimasto celato per due millenni, un riferimento preciso a quanto sta accadendo nel mondo intero ed in particolare, in *Asia Anteriore*.

Una siffatta interpretazione sulla *bestemmia* contro lo *Spirito Santo* è talmente rivoluzionaria che potrebbe generare reazioni a catena difficilmente controllabili, infatti, il Comandamento è in

codice ed è *criptato* e fino ad oggi è rimasto occultato alla coscienza umana.
Quelle Parole furono dette da Gesù Cristo!
Esse non sono il frutto della contaminazione del materialismo fine a se stesso che pervade le azioni dell'uomo in questa terra!
Tuttavia solo ora esse emergerebbero in tutta la loro potenza dai testi sacri, ove rimasero nel *limbo* per due millenni!
Ciò, scatenerà un grande *cambiamento* nella nostra futura esistenza?
Sarà il tempo l'unico testimone della Verità?
C'è stato concesso di vedere ove prima v'era l'oscurità?
Intendo dirvi che se si trattasse di una sorta di una *mia verità accomodante* oppure di una *menzogna*[17], magari ben architettata, essa

---

[17] La menzogna è da sempre considerata uno dei peggiori mali che l'uomo possa commettere, in proposito leggete come s'esprimevano gli egizi del medio e nuovo regno: «*...Non sarà detto «Menzogna!» nei miei riguardi in cospetto del Signore Universale, poiché io ho praticato la giustizia in Egitto. Io non ho offeso Dio, e non verrà la mia disgrazia per il re che è nel suo giorno. Salute a voi, voi che siete nella sala delle Due Verità, nel cui corpo non è menzogna, che vivete di verità e che sapete la verità in cospetto di Horo che è nel suo disco!...*»
Tratto da: *III Il Nuovo Regno, Testi Funerari, I. - Dal « Libro dei Morti».* pag.198
«*... Non parlare con menzogna alla gente: è l'abominio di Dio, questo...*».
Tratto dall'*« Insegnamento di Amenemope», pag. 267* "Testi Religiosi Egizi" a cura di Sergio Donadoni.
Se torniamo indietro nel tempo a c.a. 2400 a.C., Ptahhotep in antitesi alla menzogna insegna :«*...La verità è eccellente e la sua affilatura dura nel tempo; è indisturbata fin dal tempo del suo creatore, mentre si punisce chi ne trasgredisce le leggi...*» "La Saggezza dell'Antico Egitto", testi scelti da Manfred Kluge *pag. 57.*
500 anni prima di Cristo il Buddha insegnava: «*...Quali sono, o figlio di famiglia, i quattro cattivi elementi da eliminare? La distruzione della vita, o figlio di famiglia, è cattivo elemento, il prendere il non dato è cattivo elemento, il non retto comportamento per brame è cattivo elemento, il dire menzogna è cattivo elemento. Questi sono i quattro cattivi elementi da eliminare ».*
Così disse il Sublime... ed ancora:
«*...O Monaci, questo rumore non durerà a lungo: durerà solo sette giorni; alla fine dei sette giorni dileguerà. Pertanto, o Monaci, quando incontrate quelle persone che, alla vista dei monaci, li assale con ingiurie ed improperi, riprendetele con questo verso: "chi dice menzogna va all'inferno, così pure chi*

non potrà avere alcun futuro nel tempo che seguirà ai nostri giorni presenti e di me, non rimarrebbe certo un bel ricordo!

Nello stesso *Velo* che m'è stato dischiuso, ho scorto anche il *datario* che riguarda il nostro Sistema Solare ed i suoi immani cataclismi, avvenuti nel periodo identificabile nel *formulario*[18], di almeno 157 milioni d'anni in particolare di quelli avvenuti direttamente sulla terra.

L'Asia Anteriore di cui vi ho già fatto cenno in più occasioni, racchiude le terre in cui s'origina appunto la "Chiusura Cosmica" ottenuta con i calcoli dei 7 *libri del* "Codice".

Ora inizio ad illustravi lo scenario che è racchiuso in questa parte della nostra terra ed a proporvi i riferimenti bibliografici ai quali potrete attingere, per calarvi nel *profondo* del *Pozzo*.

Gli stati racchiusi o semplicemente lambiti dalla "Chiusura Cosmica" sono 39 e risiedono appunto tutti nell'Asia Anteriore.

Il termine che definisce quelle terre ha origine nella *tavola 23 del Grande Atlante Geografico De Agostini* dove è appunto rappresentata questa parte del globo terrestre.

La prima rivelazione consiste proprio nell'aver individuato una seconda coppia di *poli* terrestri che non sono d'origine magnetica, ma *Cosmica* ed in più anche *Trascendente*.

Al centro della «Chiusura Cosmica» v'è l'Arabia Saudita.

---

nega di aver fatto ciò che compì. Tutti e due, trapassando, diventano uguali, gente d'azione spregevole, nell'altro mondo!"». Tratto da "Aforismi e discorsi del Buddha" SINGĀLOVĀDASUTTANTA (ISTRUZIONE A SINGĀLAKA) *pag. 166 – 108*. Anche Confucio, Lao Tzè, ed in epoca più recente Maometto, s'esprimono in analoga misura al riguardo della gravità della menzogna specialmente, quando essa scaturisce dalla bocca di coloro che sovrintendono a posti di responsabilità nella società.

Gesù Cristo, tramite il discepolo Tommaso c'insegna: [6] «*...L'interrogarono i suoi discepoli e gli dissero: «Vuoi tu che digiuniamo? Come pregheremo e daremo elemosina? E che norma seguiremo riguardo al vitto?»*.

Gesù disse: «*Non mentite e non fate ciò che odiate, giacché tutto è manifesto al cospetto del cielo. Non vi è nulla, infatti, di nascosto che non venga manifestato, nulla di celato che non venga rivelato»*. Tratto da, "I Vangeli Gnostici", a cura di Luigi Moraldi, *pag. 6*.

[18] È contenuto nel disco digitale consegnato a svariate istituzioni nazionali ed estere.

La coppia di poli è collocata esattamente sui due tropici e quello in cui s'origina la "Chiusura Cosmica" è collocato sul tropico del Cancro proprio a pochi giorni di cammello da *Al Medina*.
Non vi dice nulla questa coincidenza Cosmica?
È ancora presto per recepire oltre il confine del probabile sbalordimento che già bussa alla nostra coscienza?
Certo è che il tormento umano e religioso sta dilagando irrefrenabile su tutta la terra e le *istituzioni religiose,* non sono abili a fermare quel flusso di sangue umano che si disperde nelle sabbie aride di quelle terre!
Le moltitudini che affollano le piazze nelle feste comandate pregano e rispondono a riti che in questa nuova *Era* in cui siamo appena entrati, potranno arrestare quel fiume di sangue umano?
Quei riti sono *svuotati* del contenuto dell'*Origine*? Sono rimasti solo un bell'abito da indossare nelle cerimonie formali?
A quegli uomini è stato insegnato che in quel rituale v'è la salvezza eterna?
In loro è principalmente il bisogno di rinascere che li spinge al rituale che gli è stato insegnato nei secoli?
In certi casi estremi, il rituale è stato malignamente manomesso?
Quella *manipolazione* porterà molti uomini ad invadere con la guerra e lo sterminio altre terre?
Si moltiplicheranno gli uomini che per uccidere l'oppressore e conquistare la vita eterna diverranno kamikaze?
Gli uomini della terra che seguono altri riti religiosi dove finiranno dopo la morte della carne?
Il Paradiso è già in questa terra?
Si conquista con il danaro, le guerre, l'apparenza rituale ed il suicidio?
Sono le domande che ci ottenebrano l'animo quando giungono sino nel profondo della nostra coscienza!
A questi nostri interrogativi chi può dar risposta?
In epoca recente sono emersi testi incorrotti che ci aiutano a fendere questa dura crosta che racchiude il *grande male dell'uomo!*

Il Messia nelle parole riportate da Tomaso nei *Vangeli Gnostici*[19], di cui presto vi leggerò alcuni passi, ci fornisce alcuni strumenti capaci di sgretolare quella dura crosta.

Le provocazioni del Messia che vi leggo sono in verità scritte da 2000 anni sulle tavole di Nag Hammadi, ma forse solo in questa nuova *Era* è possibile comprenderle!

---

[19] *Nel dicembre del 1945, due contadini scoprirono, per caso, scavando nel cimitero di Nag Hammadi (alto Egitto), una giara che conteneva tredici codici. Ai primi decifratori si rivelarono così cinquantatré testi gnostici, sino allora sconosciuti, in traduzione copta: fra questi, tre dei quattro Vangeli che vengono qui pubblicati per la prima volta in italiano, nella versione e con il commento di Luigi Moraldi. La scoperta di Nag Hammadi ha avuto conseguenze sconvolgenti, che ancora si manifestano: non solo per quel che significava in sé il ritrovamento di alcuni fra i testi religiosi più alti che conosciamo, ma perché con essi affiorava una ricchissima testimonianza diretta della gnosi, che ha costretto a mutare molte delle idee acquisite. Gli studi precedenti a Nag Hammadi si dovevano fondare, infatti, in larga parte sugli scritti dei grandi nemici cristiani della gnosi, quali Ire- neo, Epifanio o Ippolito. Ora, invece, tornava finalmente a parlarci, in parole spesso abbaglianti, la voce stessa degli gnostici.*
Ma che cos'è la gnosi? La risposta a questa domanda è sempre stata, e sempre sarà, controversa. La gnosi di questi Vangeli, come dice il nome stesso, è cristiana, anche se duramente combattuta dalla Chiesa e i testi vengono fatti risalire al secondo secolo. Ma, in parallelo a questa gnosi, e talvolta intrecciate a essa, si manifestano, nei primi cinque secoli della nostra èra, anche delle gnosi pagane, come l'ermetismo, il mandeismo, il manicheismo. I contatti della gnosi cristiana con tutte queste forme sono spesso più stretti che non quelli con la dottrina ortodossa della Chiesa. In quanto via alla salvezza attraverso la conoscenza, la gnosi tende a travalicare i limiti dei singoli credi e delle singole comunità sociali e culturali: anche per questo, da sempre, essa è stata avversata. Per avvicinar- si a questi testi, il lettore di oggi dovrà innanzi tutto abbandonarsi alla loro illuminante enigmaticità: essa è tale non già perché gli gnostici volessero rendere più astrusa e inaccessibile la loro dottrina, ma perché il mondo sovrabbonda di mistero. Come dice mirabilmente il Vangelo di Filippo, «la verità non è venuta nuda in questo mondo, ma in simboli e in immagini» e «lo sposo e l'immagine penetrano nella verità attraverso l'immagine».

Luigi Moraldi insegna all'Università di Pavia ebraico, lingue semitiche comparate e filologia semitica. Tra le sue opere più importanti segnaliamo: *Apocrifi del Nuovo Testamento*, 2 voll., Torino, 1971; *Manoscritti esseni di Qumran*, Torino, 1972; *Testi gnostici*, Torino, 1982.

Confermo tutto quanto vi sto dicendo, perché la maturazione di nuove prospettive di vita da quelle *Parole* discendenti, avvenne proprio ed esclusivamente in seguito a ciò che mi parve allo sguardo in quegli anni.

Mi pare d'intuire, analizzando quanto è simboleggiato nell'area circoscritta della "Chiusura Cosmica", al cui centro v'è appunto il *polo* in questione, che quelle parole incontaminate del Messia, siano il *Verbo* per i prossimi millenni.

È iniziata la nuova *Era* e tutto si capovolgerà e non sarà più concessa la: *"Bestemmia contro le Origini"*?

Mi chiedete che cosa io intenda per Origine?
Forse è lo "Spirito Santo" l'Origine a cui mi riferisco?
Intendo forse dire che non è più perdonata la *corruzione* e quindi anche la *mistificazione* dei Messaggi dei Messia?
Sì amici!
Suppongo che in questa nuova *Era* il *primo comandamento* impartito da Gesù Cristo sia proprio quello sulla *bestemmia contro lo "Spirito Santo"*.
Presto vi riporterò le Sue parole e comprenderete anche voi il nesso che vi ho esposto poc'anzi con i messaggi dell'*Origine*.

È normale domandarmi, quando sono incocciato in quest'evento che accomuna il sacro con il profano!
Accadde nello scorso decennio tra il 1987 ed il 1997!
Per quale motivo mi sono deciso solo adesso a parlarvi di questa storia?

Ad esser sincero ne rimasi tanto sconvolto che mi ci volle parecchio tempo per rendermi conto di quanto mi stesse accadendo.

Non tenni nulla solo per me, bensì inviai sempre una copia di tutto quanto scoprivo all'Amico, al quale scrissi appunto in precedenza la prima lettera di cui vi ho fatto cenno in apertura di questo capitolo.
Quanto pensasse il mio amico interlocutore sui documenti che gli inviavo sull'avvicendarsi delle scoperte non m'è stato possibile sapere in modo diretto.

Può darsi che egli si limitasse a leggere qualche passaggio; io non ho mai ricevuto alcuna sua opinione diretta in merito.
Tutto ciò è molto strano?
Se è come penso, che razza d'amicizia v'era tra noi?

Oggi credo che si trattò di un rapporto unidirezionale tra me e lui e non fu tale in senso inverso; perchè non sussisteva un contatto verbale tra noi, ma solo epistolare.

Ci può accadere anche con altri amici che su certi argomenti non emerga la verità oggettiva, ma sia espressa in modo ermetico e solo tramite simboli!

Questo è un mistero, io sostengo che l'Amico al quale inviavo tutte le mie scoperte non mi ha mai risposto; eppure sono certo che la mia corrispondenza lo raggiungesse realmente!
Oggi non m'interessa sapere se ha ricevuto e letto tutti i miei documenti!
Ho raggiunto la convinzione che il suo ruolo fu di recettore e null'altro!
Se io non l'avessi conosciuto non sarebbe nato il nostro *anomalo* rapporto, dal quale fui spinto irrefrenabilmente a ricercare e trasferire l'oggetto delle mie ricerche.
Perché scrivevo proprio a lui?

Questa domanda me la sono posta mille volte e non ho trovato alcuna risposta, se non quella che io definisco con fare arcano: ...*ne fui costretto*!
Va bene se definirei che tra noi vi fu un rapporto trascendente oppure medianico?
Ok! Potrebbe essere *affermativo,* ciò che è accaduto non è affatto usuale!

Adesso cambio soggetto perché ho altro da dirvi in merito amici.

Riprendo l'argomento su quanto è stato scritto nell'Antico, nel nuovo Testamento e nei *Vangeli Gnostici*, da poco tempo emersi dalle sabbie di Nag Hammadi in Egitto.

Come vi ho anticipato, tutto accadde nel decennio scorso ed a scatenare la mia ricerca fu appunto quel contatto epistolare. Prima fui attratto dalle sue composizioni musicali e poi da un indescrivibile e possente stimolo, verso le ricerche delle nostre *origini* nell'Asia Anteriore.

Da quelle ricerche nacque un inenarrabile susseguirsi di coincidenze che mi condussero dritto filato verso la scoperta dei *poli Cosmici* le cui origini sono appunto nell'Arabia, esattamente sul

tropico del Cancro il *Nord* e nelle isole di Gambier sul tropico del Capricorno nell'oceano Pacifico il *Sud*.
Quale ruolo hanno in tutta questa scoperta i miei tentativi di esporvi i contenuti dei testi sacri?
    Potreste pensare ch'io ruoto attorno al *nocciolo* senza mai entrarci? Statene certi che entrerò in quel nocciolo e vi assicuro che vorrei avervi accanto a me in quella circostanza!
Riprendo a ricordarvi che se non fosse nato quell'*arcano* sodalizio tra noi, intendo riferirmi all'Amico compositore, io non sarei mai entrato in questo lungo viaggio!
    Ve lo confermo perché non mi ero mai interessato prima d'allora di questioni geografiche e tanto meno archeologiche, religiose ed astronomiche!
Appare evidente che mi sono ritrovato in una condizione oserei dire, di un *uomo guidato*.
    Fu in questa particolare condizione che iniziai le ricerche sulla carta geografica dove spiccava al centro l'Asia Anteriore sulla tavola 23 del Grande Atlante Geografico De Agostini.
Quali furono le ricerche che svolsi su quella carta geografica?
Cari Amici forse inizierete a sbiancare, ma quelle furono ricerche di tipo *radioestesico* [20]!
Mi state vedendo con la mente, con un gran turbante come fanno quelli che si atteggiano a magie oscure?
Nulla di tutto ciò vi assicuro, ma nel rispetto degli studi condotti dai Maestri che hanno scritto libri, di cui troverete nota nelle bibliografie.
Per eseguire le ricerche ho utilizzato il mio *"micro pendolino da viaggio"* costruito in un'officina dove lavoravo molti anni or sono!
Sì ho usato proprio quel semplice strumento, la cui origine si perde nella notte dei tempi ed ho individuato l'origine dei *poli Cosmici*!
Proprio così Amici e vi anticipo che i *poli* rappresentano il centro di un'infinità d'altri riferimenti geografici e celesti che portai alla luce in quelle terre d'Asia.

---

[20] I testi di riferimento sono:
-«*ELEMENTI DI RADIOESTESIA*» ing. Pietro Zampa Giulio Vannini Bs (ed. 1941)
-«*RADIESTHESIE ET CONNAISSANCE INTUITIVE*» Henry De France Desforges Paris-Iv

La ragione per cui raggruppo la geografia alla teologia od all'archeologia e anche all'astronomia trova una spiegazione ai confini dello *scibile* con il *trascendente* e quindi v'è una specie d'universo tra questi confini!
Nell'universo non è tutto parte di tutto?
Sia il visibile sia l'invisibile?
Ci chiediamo che cos'hanno a che fare i reperti proto dinastici di cui v'ho fatto menzione poc'anzi di cui ne parlo anche nella *presentazione*[21], con i *testi sacri,* il Sistema Solare e l'Asia Anteriore?
Si tratta forse di un legame di tipo *archeo astronomico*?
In altre parole nei reperti che ho analizzato sono riportate con matematica esattezza le dimensioni di tutti i pianeti del Sistema Solare e ben di più per giungere a Sirio ed oltre?
Siamo forse entrati in un antro oscuro ove scorrono le acque e non ne intravediamo lo sbocco?
Calma! Abbiamo gli strumenti che ci trasborderanno all'uscita ove brilla la luce del giorno, non temete!
Tutti noi sappiamo che tutto è parte di tutto e quindi non deve esistere nessuna divisione neanche nella mia ricerca giusto?
V'è un poderoso legame tra lo *scibile* ed il *trascendente* che cercherò di descrivervi con calma, affinché non rifiutate il concetto d'*unità* che sta alla base di questa rivelazione!
Andando per gradi ora vi descrivo quali sono gli stati racchiusi nella ... *cupola della Chiusura Cosmica* !
Ritornando indietro nel tempo ricordo che era il 23 Maggio 1990, la "Chiusura Cosmica" era già tracciata ormai da un anno nelle sue basi essenziali sui miei tavolati da disegno, e scrivevo all'Amico:

«...Ora Tu non hai ancora visto come gli assi della "Grande stella" avvolgono il globo terrestre, perché devo farne delle riprese fotografiche e poi inviartele e ciò spero di poterlo far presto su un

---

[21] Si tratta di un documento redatto alcuni anni or sono e distribuito a rappresentanti d'Istituzioni ed Enti nazionali ed esteri. In questo documento s'informavano in particolare alcune Autorità del nostro Paese sui principali contenuti della scoperta del *Codice* racchiuso nelle piramidi di Cheope e Chefren.

mappamondo[22] nuovo, perché ora quegli assi ricavati con filo di cotone rosso sono posati sul mappamondo che mi ha prestato l'amico che tu conosci. Questo globo è un po' rigato e non ne ho ancora acquistato uno nuovo per glorificare quelle immagini.
Gli assi della "Grande stella" appaiono chiari ai nostri occhi e ci fanno capire come le nazioni e le città della terra, siano da quegli assi accomunate e si constata come le sorti della terra siano intimamente legate a quegli assi della «Grande Stella»!
Vedrai come sono unite tra loro le città del capitalismo, del socialismo e della miseria della nostra terra e vedrai come alcune nazioni si oppongano per natura ad altre a causa di Quelle forze Cosmiche riflesse sulla terra!

Ora quelle forze Cosmiche ci rendono ... schiavi sotto il cielo... ed è per questa ragione che la liberazione è scritta nel Verbo ed è per questa ragione che tutto ciò che ci è stato concesso di vedere, forma una Unità e non devia ne a destra ne a sinistra, rispetto al Verbo delle Sacre Scritture!

La parola di Dio nelle Sacre Scritture c'insegna come comportarci sotto questo cielo. . . al fine di liberarci dalle possenti forze Cosmiche che in esso c'imprigionano.

Ora se non è ascoltata la parola del Signore, è certo che l'uomo soggiace in cieca balia di quelle forze e rischia la propria stessa estinzione, giacché siamo frutto di un ...innocente[23] errore!

La forza all'uomo è stata data ed è insita nella Fede, sicché da essa, l'uomo può meglio vivere secondo la parola del Signore che al fine ci porta a constatare che è già in questa terra il paradiso terrestre.

Non v'è forse il paradiso terrestre sotto quell'albero dove siedono «I due fratelli[24]»?
Accanto ad un ciuffo d'erba in un qualsiasi angolo della nostra terra non v'è forse il paradiso terrestre?

---

[22] dell'Istituto Geografico De Agostini, Scala 1/50000000 tipo lusso 28/21 diametro 250 mm
[23] Inteso filosoficamente, come la ricaduta dello Spirito nella materia; ovvero il peccato originale e quindi l'atto della creazione dell'Universo da parte di Dio.
[24] Si tratta di un quadro, da me dipinto in quegli anni, ove ho inteso rappresentare noi due in contemplazione.

Ora la nostra disobbedienza al "Comando[25]" ci porta a distruggere in noi quella visione ed anche quel ciuffo d'erba e così, nel nostro cuore, si evolvono solo le forze più carnali e soffocano l'esistenza di quel paradiso terrestre che è formato al fine dal nostro stesso cuore e da quel ciuffo d'erba!

Ed al fine, tutto il male è legato all'adorazione degli idoli terreni e così, oggi, si dovrà adorare solo il Signore ed abbandonare la nuova Dea già avvizzita "La Madre Delirante[26]" che certamente ora è la più adorata nel mondo occidentale!

Da essa promanano tutte le forme del male, dal disonorare il padre e la madre sino allo sfruttamento delle anziane vedove e tuttavia, proprio da quel male, sorgerà la Luce perchè: «...il Diavolo fa le pentole ma non i coperchi...!».

Infatti, oggi v'è già prova che i grandi riverenti sudditi della "Madre delirante" stanno loro stessi per disgregare quell'impero a quel servizio idolatrico: molti grandi adoratori stanno operando in modo che la loro stessa azione porti alla disgregazione di quell'impero che vorrebbero invece largamente esteso.

Loro invece operano già sotto la forza della Luce a loro insaputa e ben presto la "Quarta Bestia dai Denti d'Acciaio[27]"...perderà proprio i denti ed andrà ai ferri vecchi!...

Le congetture apocalittiche dei nostri uomini di potere non potranno certo avverarsi perchè vi sarà una...lunga pausa forzata...! E dal profondo della terra non sarà certo spillato altro liquido se non per quanto sarà concesso!...certo però che vi saranno lacrime e pianto in ogni parte della terra.

Tutto questo è scritto anche in quei "Coltelli Sacri[28]" ed ogni piccolo oggetto archiviato nei musei del mondo porta una parte di

---

[25] Inteso come insegnamento impartitoci dai Messia.
[26] S'intende metaforicamente l'abbandono incontrollato del consumismo del nostro tempo.
[27] Dall'Antico Testamento, in Daniele: Visioni Profetiche, Visione delle quattro bestie. «... *Ecco, i quattro venti del cielo sconvolgevano il mare grande. E quattro bestie enormi diverse una dall'altra; salivano dal mare...*»
[28] Si tratta di reperti proto dinastici conservati al Museo Egizio di Torino risalenti a c.a. 6000 anni fa. In loro è inscritta la *Password* che ha permesso la decodificazione dei Codici delle grandi Piramidi.

messaggi cosmici e così accade che la "Plutoniana[29]", ottenuta dalla combinazione tra le geometrie dell' "Anello di vita[30]" con il "Rombo Sacro[31]", dia chiara origine ad un altro Simbolo: la "Stella di Davide".

Così anche questo Simbolo s'illumina e proietta le sue origini 6000 anni fa ed il punto d'intersezione dei triangoli sacri opposti che segnano il centro di Plutone...».

In quella lettera non elencai i paesi appartenenti all'Asia Anteriore perché l'Amico, aveva già ricevuto i disegni che li raffigurava, in precedenti missive.

Ora vi enumero di quali nazioni della terra si tratta e poi tornerò sull'argomento riferendomi all'esatta cronologia delle ...*rivelazioni.*

...Al centro della «Chiusura Cosmica» che inscrive i paesi dell'Asia Anteriore è l'Arabia Saudita poi a Sud i due stati dello Yemen e l'Oman. Ad Est, gli Emirati Arabi Riuniti, il Qatar, il Quwait, a Nord l'Iraq, la Turchia e la Grecia con tutte le loro isole. L'isola di Cipro che considero come stato autonomo seppur, di fatto, non lo sia.

A Nord Ovest vi sono la Giordania con la città di Gerusalemme, Israele, il Libano, la Siria.

Ad Est l'Iran, l'Afghanistan, il Pakistan, l'India attraverso Delhi e Bombay con le isole Laccadive e l'ultima prominenza della Cina ad Ovest della città di Kashi.

Ad Ovest in terra d'Africa vi sono l'Egitto, l'Etiopia, la Somalia, il Gibuti, il Sudan. Naturalmente sono compresi il Mar Mediterraneo, il Mar Nero, il Mar Caspio, il Mare Arabico, il Mar Rosso. L'Oceano Indiano e si sfiorano le isole Seicelle».

---

[29] Circonferenza nella quale sono inscritti i diametri di Caronte e Plutone nella loro tangenza.
[30] *Toroide* in pietra calcarea, risalente all'epoca predinastica di c.a. 6000 anni fa, conservato al Museo Egizio di Torino. In esso è si colloca il diametro della plutoniana e la *Stella di Davide* formata dal doppio Triangolo Sacro collocato al centro della «Chiusura Cosmica».
[31] Incorporato geometricamente al *Toroide,* fornisce il modello matematico per il calcolo dei diametri di Caronte e Plutone.

È incredibile Amici! Si tratta di tutti i paesi più devastati dalla miseria e dalle guerre del nostro pianeta!
Purtroppo questi stati sono una realtà concreta sulla quale non c'è da scherzare! In loro impera la devastazione perpetrata a piè sospinto dalle potenze occidentali e non solo!
Ora dopo questa riflessione, posso tentare di ricordare altri stati colà racchiusi...ah sì dimenticavo a Nord la grande Russia che comprende il lago d'Aral ed i suoi territori dell'Azerbaigian, del Kazakistan, del Tagikistan, del Turkmenistan e dell'Uzbekistan!
Ed i paesi dell'Europa dell'Est quali l'Albania, la Bulgaria, la Romania!
Più ad Ovest in Africa il Ciad, il Centrafica.
A Sud Ovest lo Zaire, l'Uganda, il Ruanda, la Tanzania, il Niger, il Kenia. Risalendo a Nord Ovest la Libia.
Questi sono 38!
Non rammento il 39 esimo?»
No purtroppo adesso non mi sovviene...ah sì mi sono ricordato c'è anche la Jugoslavia.
Sì adesso ci sono proprio tutti!
E l'Italia?
Non è compresa nella «Chiusura Cosmica»?
A dire il vero n'è tagliata fuori per circa un centinaio di chilometri dall'estremità del tacco nelle Puglie; però è coinvolta *pesantemente* insieme alla Francia ed agli Stati Uniti d'America ed Israele, nell'Asse Nord Est della "Grande Stella[32]" che la unisce nel medesimo destino su quanto sta accadendo in quelle terre!
Anche la Grecia è attraversata dall'asse in questione, ed abbiamo compreso da Erodoto il suo ruolo odierno nello scenario della nuova *Era*. L'antica Grecia ci ricorda infatti, il rispetto che si deve alla sapienza degli antichi egizi[33]. Poi con un balzo *nel Sistema*

---

[32] Scomposizione geometrica incorporata nella «Chiusura Cosmica» secondo i Codici di Cheope e di Chefren.

[33] Già i Greci antichi lo riconobbero con gratitudine. Gli scritti di Erodoto e Diodoro mostrano chiaramente in qual misura essi fossero affascinati da questo paese. L'arte greca arcaica ha subito durevolmente l'influsso della scultura egizia, che ha trovato a malapena l'eguale nelle opere migliori di quella. I Greci attinsero con grande profitto anche alle altre fonti di sapere che gli Egizi avevano dischiuso loro.

Solare, nella letteratura epica, ci rammentano che tutti noi dipendiamo dagli inflessibili influssi dei pianeti e del Sole e dobbiamo imparare a difenderci[34]!

Senza Egitto non v'è Occidente: la culla della nostra civiltà fu sul Nilo. Più d'ogni altra grande civiltà, l'antico Egitto, con il suo sviluppo culturale trimillenario, ci fornisce un esempio chiaro e grandioso del manifestarsi dello spirito umano. Tratto da «*La Saggezza dell'Antico Egitto*», *a cura di Manfred Kluge, pag. 8, Ugo Guanda Editore in Parma.*

[34] L'uomo è creatura dell'universo ed è condizionato in particolar modo dall'assetto planetario del Sistema Solare che v'era durante e subito dopo il parto. Quei possenti influssi natali, condizionano sia gli uomini sia le nazioni della terra. Gli insegnamenti dei diversi Messia di tutta la terra e di tutti i tempi, giunsero per istruire l'uomo oltre la legge materiale che potrebbe travolgere l'uomo nell'autodistruzione. Senza il rispetto dei loro insegnamenti, nella *veste d'origine*, l'uomo sarebbe sospinto da energie occulte distruttive che si amplificano eccezionalmente su alcune terre del nostro pianeta: si veda ad esempio l'Asia Anteriore. Il rischio che la specie umana corre se non è attenta agli insegnamenti ricevuti è facilmente intuibile da tutti noi?
Un passo dell'apostolo Filippo ci trasmette in sintesi il concetto di relatività dell'esistenza umana nella materia:
...20 «Luce e tenebre, vita e morte, destra e sinistra, sono tra loro fratelli. Non è possibile separarli. Perciò né i buoni sono buoni, né i cattivi sono cattivi, né la vita è vita, né la morte è morte. Per questo ognuno si dissolverà nel suo stato originale. Ma coloro che sono al di sopra del mondo sono indissolvibili ed eterni». Tratto da «*I Vangeli Gnostici*» *a cura di Luigi Moraldi, vangelo di Filippo, pag. 50.*
Gli insegnamenti dei Messia ci innalzano quindi al ...« *di sopra del mondo»*...dandoci gli strumenti di salvezza!
«...Anche il pensiero filosofico nell'ellenismo ci richiama alla filosofia post aristotelica che si propose essenzialmente di fornire ad ogni singolo uomo il rimedio ai suoi mali e ai suoi dolori e di prepararlo alla saggezza e alla felicità. Diminuisce pertanto l'interesse per i grandi problemi d'ordine metafisico-speculativo: l'uomo ellenistico dubita della possibilità di poter arrivare a costruire una visione generale della realtà intima delle cose; il suo vero problema è quello di trovare norma e senso alla propria esistenza. Scetticismo, stoicismo ed epicureismo sono le nuove filosofie che, pur nella divergenza dei «fini» assegnati alla vita umana, concordano nell'idealizzare un individuo affrancato dai bisogni, dalle passioni e da ogni possibile legame esterno e perciò assolutamente libero nell'esercizio della sua saggezza e nel godimento della sua felicità. Significativa in questo senso è l'ampia diffusione che hanno in quest'epoca le religioni mistiche, le scienze occulte (astrologia,

Di bene in meglio Amici!
Adesso spunta un'altra figura geometrica: la *Grande Stella!* Ma non preoccupatevi in queste ore anche voi state entrando in contatto con l'*immateriale*!
Adesso siete già in grado di comunicare con la «Memoria Cosmica» e comprendere perfettamente questa nuova figura e la posizione dei suoi assi?
Ok, Amici, forse è ancora presto!
Dovrò raccontarvi i fatti avvenuti con calma e vi dovrò esprimere di che si tratta nel debito tempo!

La "Grande Stella" è una figura che si genera nei confini della *Cupola Cosmica*[35] sotto la quale soggiacciono i paesi che v'ho elencato. Da quest'immagine che potrò descrivervi in altri momenti, s'originano appunto i quattro *meridiani Cosmici* fondamentali che si ricongiungono al Sud sul tropico del Capricorno.

Ogni asse o meglio, ogni meridiano, attraversa determinati territori e stati della terra e l'asse Nord transita esattamente attraverso i poli magnetici terrestri!

L'asse che attraversa il nostro paese lo accomuna al destino con gli altri che v'ho elencati prima. Tra quelli primeggia sempre l'Arabia Saudita e subito dopo la Giordania.

Anche lo stato d'Israele è attraversato dallo stesso asse.
In tal caso è *coinvolto* al pari dell'Italia su quanto sta accadendo nel resto dell'Asia Anteriore e per riflesso negli stati posti sul medesimo asse?

L'ultimo stato attraversato è il Messico in America, mentre il primo è lo Yemen della repubblica democratica popolare a Sud dell'Arabia.

Questi coinvolgimenti *Cosmici* potrebbero essere una teoria senza prova alcuna?
In tal caso come potrei arrogarmi il diritto di esporre una teoria tanto astratta?

---

magia, alchimia, ecc.) e le pratiche teurgiche. Anche il neo-platonismo, la più metafisica delle filosofie ellenistiche, presenta una forte accentuazione del momento etico-religioso». Tratto da: *Omnia* - © *2001 Istituto Geografico De Agostini.*
[35] Si scoprirà più avanti che tutta l'Asia Anteriore è protetta da una Cupola Cosmica d'origine ignota. I calcoli sono riportati nel disco digitale allegato.

Questi interrogativi sono più che legittimi, ma sarebbe invece opportuno che io celassi in una cassaforte ciò che m'è stato svelato e buttassi la chiave in mare?
Io non ho il diritto di appropriarmi di quelle ricerche.
Esporrò a tutti voi ciò che ho vissuto così sarete voi i testimoni delle mie supposizioni ed avrete piena libertà di giudicarmi!
L'altro *polo Cosmico* come vi ho accennato è collocato sul tropico del Capricorno e si dispone sulle isole di Gambier.
In quelle isole sarà violenza e sangue come in Asia Anteriore?
Là impera l'Oceano Pacifico e non vi sono terre di conquista particolari, perché pare non ci sono ricchezze *nere* nel sottosuolo.
Quali sono le isole coperte dalla *Cupola Cosmica* che si trova anche sul *polo Sud* del Capricorno?
Si contano tutte le isole Taumotu e v'è pure la magica isola di Pasqua!
Sono comprese le Isole della Società, di Cook, le Sporadi Equatoriali sino all'isola di Malden, ma è sempre l'immenso Oceano Pacifico lo sfondo principale della *Cupola Cosmica* del Capricorno.
Come state leggendo, non è sfuggita neanche l'isola di Pasqua sotto l'influsso cosmico delle due *Cupole* e tutti noi sappiamo che anche in quell'isola, ci sono dei misteri irrisolti!
Bene adesso che vi ho ragguagliato sui due poli Cosmici e sulla "Grande Stella" posso proseguire?
Vi ho trasferito una vaga infarinatura su quegli assi, ma nei restanti assi della «Grande Stella» quali altri *stati* sono coinvolti?
Dovrò riprendere il mappamondo intero per elencarveli tutti!
Lasciatemi procedere in altra direzione e poi appena mi si presenterà l'opportunità vi elencherò anche gli altri stati interessati nelle *Geometrie Cosmiche*.
Correva l'anno 1989 quando iniziai ad approfondire la ricerca sulla possibile correlazione tra la matematica e le interpretazioni dei numeri riportati su alcuni testi religiosi quali: la Bibbia e gli "Aforismi e discorsi del Buddha". A dire il vero, fui incalzato ad iniziare e proseguire il percorso intrapreso dopo aver letto l'Antico ed il Nuovo Testamento ed in seguito i *Vangeli*

Gnostici[36] ed il *Corano*[37], appartenenti ai territori dell'Asia Anteriore, e altri testi delle antiche religioni dell'Asia orientale tra i quali *Confucio*[38] e *Lao Tzè*[39]. Tutto mi portava a pensare che ci fosse una relazione tra quei numeri e le geometrie che avevo appena individuato nella "Chiusura Cosmica" con le principali costanti fisiche[40] della nostra scienza sperimentale.

Vi citerò alcune delle costanti che, a fronte dello studio suddetto, scoprii che si connettevano con i reperti protostorici di oltre 6000 anni fa. Tra le costanti ricollegabili ai codici individuai ad esempio le costanti: "Gravitazionale", quella di
"Plank", quella del
"Carico Elementare", quella della
"Massa Elettronica a Riposo", quella
"dell'Unità di Massa Atomica", quella della
"Costante di Avogadro" e di
"Boltzman", quella del
"Volume Molare di un Gas Perfetto", quella della
"Forza di Gravità" e quella della
"Velocità della Luce".

Dove sono stati trascritti tutti questi calcoli...*extraterrestri*? Tranquilli Amici, sono riassunti nei 7 libri che riguardano la rivelazione del "Quadrante Solare", ovvero essi sono appunto l'essenza del "Codice" svelato
Di che cosa si tratta in concreto?
Questi 7 libri dove si leggono?
Si tratta di manoscritti che in copia perfetta inviai anche all'Amico

---

[36] «*I VANGELI GNOSTICI*» a cura di Luigi Moraldi, Biblioteca Adelphi.
[37] «*IL CORANO*» a cura di Luigi Monelli, Manuali Hoepli.
[38] «*CONFUCIO OPERE*» A Cura Di Fausto Tomassini Editori Associati S.p.A.
[39] «*LAO TZÈ LA REGOLA CELESTE*» A Cura Di Alberto Castellani Sansoni Editore.
[40] In matematica si parla di costanti fisiche per indicare l'opposto di variabile, ad esempio: il rapporto del pi greco, che conosciamo essere alla base del calcolo del cerchio, è la costante tra la lunghezza di una qualsiasi circonferenza e il suo diametro. I rispettivi valori sono riportati nella sintesi del 6° manoscritto intitolato "La Terra è se stessa".

compositore, salvo siano stati distrutti da chi forse si vedeva costretto a recapitare gli ingombranti plichi che gli spedivo.
Vi starete chiedendo che razza d'argomenti vi sto propinando?
Chi sarebbe costui che si sarebbe preso l'arbitrio di distruggere i manoscritti che inviavo all'Amico?
È solo un'ipotesi remota, ma supportata da quanto sto per dirvi.
Potrebbe averli dispersi chi nella stessa abitazione ed allo stesso piano aveva malauguratamente lo stesso cognome del mio Amico.
Come sono risalito a quest'uomo?
È stato relativamente Semplice perché Liliana, insieme con un altro mio amico, si recarono proprio in quella casa per avere notizie sul buon esito delle mie corrispondenze epistolari.
Loro suonarono uno dei due campanelli che portavano lo stesso cognome del mio Amico, ma ad un tratto sporgendosi dal balcone, comparve una persona che replicò infuriato che lui non aveva nulla a che *spartire* con il suo omonimo e che non si azzardassero più ad importunarlo oltre.
Alla luce di quest'atteggiamento profondamente ostile nei confronti del mio Amico compositore, è plausibile supporre che se il postino consegnò a quest'uomo i plichi, lui potrebbe averli gettati senza esitazione nella pattumiera più prossima alla sua abitazione.
È sconvolgente quanto vi sto narrando?
Forse lo è, ma nella vita accadono spesso fatti irragionevoli! Inoltre mi rendo conto di aver inviato in copia all'Amico il *preziosissimo materiale*, ma tra noi, come vi ho già accennato anzitempo, non v'era dialogo diretto, e non ci si telefonava dopo ogni spedizione per confermarci l'arrivo della posta.
Lui, non si lasciava contattare e quindi oggi io potrei essere il solo a possedere la totalità di quei manoscritti!
Quel suo silenzio nei miei confronti mi lasciò il bruciore nel cuore e forse sotto la cenere, quella brace non s'è ancora del tutto spenta.
Vi starete chiedendo come abbia potuto inviare il mio lavoro per anni, senza aver avuto alcuna conferma dell'avvenuta ricezione?

Rasserenatevi Amici perché come vi ho già detto, tra noi vi fu un rapporto assolutamente *inconsueto* o meglio *arcano,* ma lo scopo io lo raggiunsi lo stesso proprio grazie a quell'incomprensibile legame e conclusi l'*ultimo compito*[41] che s'inserì nel «Codice» qualche anno dopo!

Ma adesso chiudo questa parentesi per riprenderla più avanti perchè ho ancora qualcosa da dirvi in merito e torno ad illustrarvi altri contenuti della scoperta.

Inizierò con le costanti fisiche di molti "numeri scientifici fondamentali".

Caratterizzai anche una sorta di *formulario* per confrontare i valori fisici qualificanti la terra solida attuale e la presumibile terra remota come poteva essere dimensionata circa 157 milioni d'anni fa.

Percepii l'esistenza di riferimenti temporali, legati ai grandi cataclismi terrestri provocati dalla caduta d'asteroidi che sconvolsero il nostro pianeta.

Il tutto avvenne basando le mie ricerche sullo studio dei Professori Gasparini, Mantovani[42] e dei loro colleghi dell'Università di Geofisica di Napoli. Dai loro medesimi calcoli, utilizzati per tracciare il diagramma temporale dei cataclismi che sconvolsero il nostro pianeta, mi apparvero anche i termini di valutazione che esprimono un nuovo calendario dell'origine dell'universo.

Il Big bang, che come vi ho già anticipato potrebbe risalire a ben 36 miliardi d'anni fa e non 14 o 16 come sostengono gli astronomi da qualche tempo a questa parte!
L'inizio pratico di queste ricerche, avvenne proprio a seguito del primo contatto epistolare che instaurai nell'Ottobre del 1987 con l'Amico compositore di cui manterrò l'anonimato.
Si trattò della lettera che stavo leggendovi poc'anzi.

Alla fine dell'anno 1993, l'epistolario costituito dai sette volumi manoscritti, o più esattamente dai 7 manoscritti del "Codice" ed una raccolta delle prime lettere che consolidarono il nostro incontro era terminato nella sezione descrittiva e grafica.

---

[41] Si tratta d'una sonata per Pianoforte.
[42] Autori del libro: *«Fisica della Terra Solida»* elencato nelle bibliografie.

Denominai i manoscritti usando certi termini pertinenti con il contenuto dei "testi sacri" studiati ed il loro nome suona così:
1° manoscritto: La Chiusura Cosmica[43]
2° manoscritto: Prima Della Sacra Sfinge[44]
3° manoscritto: L'era Della Sacra Sfinge[45]
4° manoscritto: La Grande Leggenda[46]
5° manoscritto: Il Suono Dell'uomo[47]

---

[43] Contiene l'origine della scoperta dei legami matematici, risalente al Febbraio 1989 e la stesura delle prime fasi dei calcoli sul Sistema Solare, rapportati secondo le tangenti di Cheope e Chefren. Contiene la relazione geometrica, della proiezione delle antiche città dell'Asia Anteriore sulla volta celeste come rappresentata su: "Le Stelle nell'anno 2000" secondo il catalogo celeste dello Yale University Observatory 1964. Contiene la scomposizione delle prime cinque tavolozze da belletto, *"le Tartarughe e lo Stambecco"*, un amuleto a forma di testa di toro, e di un Dio stante che regge un coltello, l'incisione rappresentante *"l'allattamento d'eternità"* e i principali Simboli egizi. I reperti scomposti risalgono alle epoche predinastica e della fine V dinastia. Questi reperti sono descritti nel testo: "I Faraoni il tempo delle Piramidi" Bur Arte Rizzoli.

[44] Contiene l'evoluzione della scomposizione matematica e grafica, dei reperti archeologici, sino alla scoperta del legame con la Sfinge di Al Gizà al Cairo. In particolare in questo testo, sono decodificati i reperti predinastici conservati presso il Museo Egizio di Torino numerati: 15614-20093-15609-15687-17525-16396-15622-15594-15615-14612-15583-15598-15597-15596-20096-15604 e altri due, di cui non dispongo del numero d'archiviazione. Da alcuni di questi reperti, si origina il formulario per il calcolo della "Plutoniana", in altre parole dei diametri rispettivamente di Plutone e Caronte. Si ha la prima impostazione geometrica di una sorta di calendario cosmico da me nominato "Quadrante Solare"

[45] Contiene i legami Astronomici, secondo i rapporti di Cheope e Chefren, riferiti al Sistema Solare e all'universo conosciuto nel loro riferimento matematico con la planimetria comprendente la sfinge e le terre dell'Asia Anteriore. Lo stesso riferimento è nei punti cardinali della "planimetria" di decodificazione astronomica, sulla tavola 23 del Grande Atlante Geografico De Agostini.

[46] Contiene la fase definitiva della strutturazione matematica e geometrica, del Calendario del "Quadrante Solare", ottenuto dalla decodificazione dei numeri riportati dalle remote civiltà dell'Asia e la scomposizione, di tutte le principali opere architettoniche delle civiltà Maya e Azteca.

6° manoscritto: La Terra E' Se Stessa[48]
7° manoscritto: Le Tavole Cosmiche Universali[49]

Seguirono alcune corrispondenze bibliografiche sino al 1997, anno in cui composi ed eseguii l'ultima di una serie di sonate per pianoforte, ispirata al transito della cometa Hale Bop[50].

---

[47] Contiene i passaggi matematici che ricollegano il criterio di calcolo costruttivo dell'antica civiltà Maltese, alla civiltà Egizia ed alle conseguenti costanti fisiche a loro connesse. La determinazione del formulario sulle onde luminose e acustiche, riferite agli elementi ad oggi noti e riportati sulla tavola periodica di Mendeleev. Contiene le tabelle e il formulario che definisce *"il suono degli elementi nel corpo umano"*; ovvero, il calcolo della frequenza delle vibrazioni acustiche connesse direttamente al raggio atomico degli elementi costituenti il nostro corpo. Da questa loro relazione matematica, si spiegherebbe la ragione, dei *molti congressi* che precedettero l'attribuzione dell'attuale valore del La del corista di 439,971Hz. È anche illustrato, il legame tra la rappresentazione stereografica delle 32 classi cristallografiche, nel loro stato monometrico e come gli esseri elementari quali le Diatomee, il cui protoplasma cellulare è contenuto in un involucro siliceo, sono geometricamente strutturate negli esatti rapporti del modello matematico, riportato sulle planimetrie denominate la "Chiusura Cosmica" e la "Grande Stella". Contiene anche la rappresentazione in scala, delle principali molecole presenti nell'Universo ed è rappresentato "l'Atomo di Bohr 1913 H_2" ed i principali diagrammi, delle leggi termodinamiche della fisica.
[48] Contiene i formulari, per la possibile determinazione del calendario dei grandi cataclismi terrestri, sin dall'origine del nostro Sistema Solare, nonché tutti i formulari ed i calcoli, per risalire alle probabili caratteristiche fisiche della terra, prima dell'immane sconvolgimento avvenuto circa 157 milioni d'anni fa, dovuto alla caduta di un immenso asteroide. Contiene anche i calcoli relativi al citato "Cono Cosmico"; ovvero al formulario che ci permette di accedere all'Ultramateria attraverso il "Cordone Ombelicale" rappresentante simbolicamente, il *"Viatico"* di sostegno per il passaggio tra le diverse dimensioni.
[49] Contiene la raccolta di tutti i disegni, in perfetta scala matematica e geometrica, secondo i rapporti di Cheope e Chefren, sviluppati durante gli studi condotti e riportati in sequenza temporale nei 7 manoscritti.
[50] Il transito di questa cometa, il cui perielio fu tra il 6 ed il 7 Aprile del 1997, m'ispirò profondamente e potei comporre ed eseguire per pianoforte una sonata in quattro movimenti nel Giugno dello stesso anno.

Ebbene amici, dovete sapere che all'origine del rapporto con il Compositore vi fu proprio l'attrazione musicale che provai, ascoltando una sua opera, composta qualche anno prima.

L'opera era arricchita da una melodia e da un contenuto intriso di misticismo d'ispirazione medio orientale. Fui spinto da un impulso irrefrenabile e sin dalla prima missiva, nella quale esprimevo il mio turbamento originatosi dall'ascolto di quella musica, ottenni dall'interlocutore una vivificante assonanza d'intenti.

Essa si manifestò sotto forma di sue nuove composizioni musicali che favorirono il consolidamento del nostro sodalizio *trascendente*. Da questo strano connubio, ricevetti l'impulso per scandagliare quella parte di *cosmogonia* che si dispiega con leggi ancora sconosciute.

Mi sto contraddicendo?
Ho appena finito di affermarvi che non so se il mio Amico ricevette i plichi che gli spedivo!

Però vi devo confessare che le prime missive epistolari le ha regolarmente ricevute, altrimenti non si spiegherebbe il nostro incontro da lui *aspettato,* in occasione di un suo concerto che tenne in un parco della mia città!
Allora vi fu un certo contatto tra noi?
Sì c'è stato un chiaro inizio ed una sintonia sulle sue composizioni ed i contenuti delle mie prime missive!

In seguito ci siamo incontrati altre due volte sempre in occasione di suoi concerti ed una sera mi disse che non aveva ricevuto l'ultimo plico che gli spedii alcune settimane prima.
Ormai non credevo più alle sue parole.
In quel tempo non sospettavo l'esistenza di quel suo scorbutico vicino d'appartamento ed in più, percepivo una sorta d'imbarazzo crescente tra noi e così, decisi di non vederlo più.

Riassumendo, l'Amico non fu assente ai miei primi messaggi! Egli mi rispose con le sue opere ispirate al nostro sodalizio ...*irrazionale*!

Sì Amici, il nostro fu un rapporto che toccava esclusivamente la sfera *immateriale* e non ricevetti da lui, alcun successivo contatto seppur banale del tipo: ...*ciao amico come te la stai passando*?

Dopo questi chiarimenti abbraccerete meglio il tipo di rapporto tra me e l'Amico compositore ed il nostro reciproco turbamento per quanto ci stava accadendo!

Ritornando alle *leggi* di cui vi stavo riferendo poco fa intendo anticiparvi che esse sono primariamente legate all'essenza dell'essere umano in quest'universo in cui sussistono materia e spirito; ma quest'ultimo è ben celato ai nostri sensi esteriori.

La mia ricerca iniziò dal "cuore" e non dal "cervello", infatti, come accadde per Isaac Newton, anch'io ero in contemplazione, quando mi cadde la *mela* in testa.

Nel mio caso l'impatto, più che ad opera della *mela*, fu *musicale*[51], tanto che mi trasformò e subii un'indescrivibile smania di scoprire l'origine di quella fatale attrazione tra noi e le terre incluse nell'Asia Anteriore, fonte di quelle affascinanti sonorità della sua opera musicale.

Fu così che nei primi mesi del 1989, scopersi alcuni precisi riferimenti planimetrici sulla cartografia nella scala "*uno a dodicimilioni*" nella proiezione conica equidistante di Delisle. Tale cartografia è riportata alla tavola 23 del "*Grande Atlante Geografico De Agostini*".

Dai riferimenti individuati ben presto potei risalire alle dimensioni esatte dei parametri costruttivi delle Piramidi di Cheope e Chefren.

Questo fatto dimostrava l'esistenza di un inequivocabile nesso matematico e quindi scientifico che ricollegava la sapienza degli antichi egizi al nostro Sistema solare?

V'era dell'altro che mi attendeva al varco?

---

[51] La musica entra nel profondo del nostro cuore ed eccita istinti ignoti facendoli emergere sino ai sensi esteriori: «...*10. Sei danni, o figlio di famiglia, vi sono ad essere dediti a frequentare le feste: dove è la danza? Dove è il canto? Dove è la musica? Dove è la rappresentazione? Dove è il suono delle mani? Dove è il tamburo? Questi sono i sei danni, o figlio di famiglia, nell'essere dediti a frequentare le feste. Tratto da "Aforismi e Discorsi del Buddha" SINGĀLOVĀDASUTTANTA (Istruzione a SINGĀLAKA) pag.168.* Quella musica fu anche per me... il terzo danno? Ma io non la sentii ad una festa!...

Sì, infatti, non trascorse molto tempo che riscontrai anche il legame matematico esatto, correlato con tutti i pianeti del sistema solare e con le "*Stelle Nell'anno 2000*", secondo il catalogo celeste dello *Yale University Observatory 1964*. L'evoluzione dei grafici geometrici disegnati con oculatezza in perfetta scala, sovra impressi nei fogli di carta lucida adagiati sulla cartografia, mi permise d'identificare con sveltezza la loro corrispondenza architettonica.

Ad esempio una "tavolozza da belletto"[52], appartenente al «periodo pre dinastico egizio» di oltre 6000 anni fa, risultò in perfetta scala con i parametri dell'orbita della doppietta di SirioA e Sirio B. Da queste prime coincidenze matematiche e geometriche, si rafforzò in me la necessità di verificare se tutto ciò non fosse solo frutto del caso.

Eseguii molteplici altri raffronti ed i risultati ottenuti dalle formule di calcolo utilizzate per studiare il grado d'approssimazione matematica di correlazione[53], mi convinsero che quelle concordanze dimensionali, si ripetevano con strabiliante precisione, in molti altri reperti proto dinastici egizi.
Tutti noi sappiamo che sono stati scritti tanti libri sui misteri delle piramidi, sulle frasi misteriose dei testi religiosi, e sui possibili collegamenti agli *extraterrestri* !

É già ritrito il concetto della possibile connessione tra queste opere che racchiudono molti misteri con il cosmo?
Posso rispondervi che io sto vivendo con voi il mio tempo ed ho anch'io qualcosa di nuovo da proporre. Si tratta della prima volta che v'è un riscontro matematico esatto!
Avrò forse ottenuto qualche privilegio da parte di una delle... *infinite divinità* citate nei millenni nei diversi testi religiosi?
Che cosa ne pensate amici di questa possibilità?
Comunque sarà la vostra risposta ora proseguo ad elencarvi ciò che è stato portato alla luce.
La sintesi dell'insieme dei segreti rivelati mi ha condotto alla

---

[52] Dal testo *«I FARAONI - IL TEMPO DELLE PIRAMIDI»*: El Amra. Altezza m. 0,125. Saint-Germain-en-laye, Musée des antiqutés nationalés.
[53] Dicitura abbreviata con la sigla: *«a.m.d.c.»*.

scoperta di uno strumento della misura del *tempo cosmico* e degli eventi accaduti nei milioni d'anni trascorsi sino ad oggi ed addirittura già proiettati nei prossimi millenni!
Quest'ipotesi potrò sostenerla con dimostrazioni tangibili?
È quanto tenterò di fare perché il "Quadrante Solare", da me così battezzato, si origina sulle dimensioni solari convertite secondo le tangenti di Cheope e Chefren ed è frutto esclusivamente di calcoli basati proprio sulle dimensioni del Sistema Solare!

Questi miei calcoli potranno essere ripetuti da chiunque abbia le nozioni elementari di matematica, trigonometria e geometria analitica, semplicemente usando il mio formulario che troverete nel disco digitale!
Che cosa si ottiene da questo formulario?

Le corrispondenze delle dimensioni perfette del Sistema Solare noto.

La proiezione sulla dimensione degli altri pianetini posti al confine.

Il calendario degli eventi storici e religiosi noti.

Il calendario dei grandi cataclismi terrestri e non solo!
Anche il Quadrante Solare si è originato nei poli dell'Asia anteriore?
Sarebbe una sorta di calendario Maya?
Sì, si è originato nei poli, ma in esso non si tratta di scandire le sequenze temporali classiche, bensì è uno strumento che si collega al Cosmo ed al suo espandersi!
Si tratterebbe di uno strumento per gli scienziati?
Potrebbe accadere che in un primo tempo, saranno gli scienziati a respingerli, ma in un secondo tempo, ad utilizzarli.

Da qui in poi, essi potrebbero divenire i futuri sacerdoti universali?
Questo è forse un concetto singolare!
La gestione oculata del dogma non spetta forse ai teologi da sempre?
Beh...Amici, siccome il "Quadrante Solare" è uno strumento che unisce lo *scibile* al *trascendente* è possibile che gli eventi cosmici e quindi umani, possano essere sapientemente analizzati dagli scienziati del futuro!

E poi nella nuova Era le cose vanno al contrario rispetto ai 5800 anni appena trascorsi e loro, potrebbero fare le veci degli antichi sacerdoti egizi ad esempio!
Con questo strumento gli scienziati potrebbero disporre di un *decodificatore universale* della legge Cosmica ed anticipare ai popoli della terra, il corretto comportamento da assumere al fine di evitare, come vi ho gia anticipato, il potenziale rischio d'estinzione della specie umana!
Estinzione della specie umana?
Come mi è passata per la mente quest'assurdità?
Da quanto intravidi mi pare che non si tratti di *qualcosa* che è *transitato* nella mia mente, bensì di una pura deduzione che ho ricavato da questa ricerca di cui vi sto aggiornando!
Come l'ho intravista io, allo stesso modo potranno scorgerla altri se studieranno a fondo il contenuto delle *rivelazioni*.
Cosmo e religione si fondono in un'unica essenza e ci appaiono più comprensibili!
Sono dell'opinione che c'è stato trasmesso uno strumento d'analisi che ho riportato nel "Codice Cosmico" solo grazie al nostro sviluppo scientifico raggiunto.
Potrebbe sembrare che mi riallacci a civiltà *extraterrestri* che da sempre comunicano con noi in vari modi!
Ma se per *extraterrestre* intendiamo ciò che proviene da altre dimensioni la mia risposta è affermativa!
Oh! Finalmente lo ammetto!
Tuttavia non vi sto parlando di navi spaziali ed alieni!
Quest'asserzione non m'impedisce però di affermare che ciò che ho scoperto non è farina del mio sacco!
Vi ho confessato fin dall'inizio che ciò che ho esposto non è derivato dai miei studi scientifici o tecnologici classici che applico nella professione, ma che l'*Origine* mi è giunta da un'inspiegabile illuminazione sicuramente d'origine *immateriale*!
Da quale lontana dimensione mi sarebbe giunta di grazia?
Secondo quanto è accaduto e per il modo in cui s'è svolto nel tempo, questa dimensione *immateriale*, o più specificatamente la

"Memoria Cosmica", risiederebbe ove nell'universo visibile ed invisibile s'espande la *Sapienza Divina del Dio Creatore Onnipotente*.
Si tratterebbe comunque di una sorta di comunicazione *extrasensoriale*?
Come ho fatto a sintonizzarmi con quella dimensione?
In un certo senso sosterrei che il collegamento è avvenuto in forma *trascendentale* io, non l'ho affatto cercato n'è con la mente n'è con il corpo!
    In proposito vi sciorinerò certi dettagli riguardanti la scoperta che evidenziano anche e fondamentalmente il ruolo svolto dal nostro codice genetico di cui v'ho fatto cenno in precedenza.
Mamma mia quanto ci stiamo allontanando dalla vita quotidiana e adesso sostengo anche l'esistenza di una privilegiata... *razza superiore*?
Tutto ciò è sconvolgente, oppure semplicemente umano?
Ora proseguo nella... *novella* e mi affretterò a sistemare qualche paletto in questa vicenda sospesa tra terra e cielo!
    Gli anni scorrevano inesorabili ed in quel turbinio di sequenze temporali tra eventi razionali ed altri inspiegabili, estesi la ricerca alla struttura ed alle planimetrie delle opere scultorie ed architettoniche dell'antica Civiltà Maltese, anch'esse antiche di oltre seimila anni.
    Studiai la geometria delle planimetrie dei templi e delle città Maya Azteche ed Induiste, e d'alcuni reperti statuari di oltre 20000 anni fa.
    Le opere scultorie dell'antica "Civiltà Maltese", mi permisero di trasferire il metodo di calcolo alle dimensioni della struttura molecolare di svariati composti ed elementi. Da queste analisi, emerse in seguito la relazione matematica esistente tra il *numero atomico* degli elementi e le *lunghezze d'onda*, sia dello *spettro luminoso visibile* ed oltre, sia della frequenza delle vibrazioni acustiche basate sull'attuale frequenza del *La* al corista.
    Infine, determinai il legame tra la molecola dell'*Ossido di Silicio* ed il prima citato *Cono Cosmico*. Secondo la mia interpretazione, come ho già accennato nelle note, esso rappresenterebbe il passaggio tra una dimensione temporale e l'altra, sia in senso fisico sia metafisico.

Matematica, fisica, astronomia, chimica, religione! Tutto in un unico *Caos universale,* non mancherebbe proprio nulla per realizzare un film di *fanta...archeoastronomia* [54]!

Tutte le analisi geometriche e dimensionali che eseguii su molteplici "Archeo - Oggetti", mi confermarono l'invariabilità della relazione matematica con i fattori di conversione forniti dalle tangenti delle piramidi di Cheope e Chefren.

Accadde così che il nesso tra l'Archeoastronomia e la religiosità contenuta nei molteplici testi Sacri dell'Asia Orientale e dell'Asia Anteriore, rafforzasse in me la convinzione dell'esistenza di un vincolo sempre più serrato tra il concetto di "Creazione" e le «Leggi Divine Trascendentali», tra loro imprescindibilmente legate.

Questo collegamento caratterizzante le ricerche, non fece altro che condizionare profondamente il mio atteggiamento filosofico.

Sono stato sensibilizzato e reso intimamente partecipe dell'*unità* che mi si palesava in maniera sempre più evidente ed incalzante?

Intuii il possibile legame tra lo scibile ed il Trascendente?

In seguito a quel condizionamento *cosmogonico* forzato, ho coniato alcuni termini che a mio pensare dovrebbero trasmettere il concetto filosofico che è racchiuso in questo connubio: *«uomo universo»* e quindi, Dio?

Una sera del mese di Febbraio del 1997, invitai alcuni amici a prendere visione dei documenti che illustravano il "Codice" originatosi grazie alla individuazione della *password* [55].

La sua identificazione derivò come ormai avete appreso, da una serie di punti che localizzai con estrema precisione, nella tavola

---

[54] Grazie allo scibile acquisito nei millenni oggi l'archeoastronomia potrà rinsaldarsi e crescere, anche con il contributo di queste neorivelazioni ?

[55] Ho utilizzato questo moderno termine per trasmettere il concetto di *chiave d'accesso* indispensabile per decodificare gli invisibili ma reali "Due Codici Universali" insiti nelle piramidi di Cheope e Chefren. In seguito non parlerò più di "Due Codici" ma per semplificare il lessico, mi limiterò a parlare al singolare e citerò del "Codice Universale"...«*Spero che con questo mio doveroso chiarimento gli architetti progettisti delle Grandi Piramidi di Al Gizà al Cairo "non me ne vorranno"!*»

cartografica numero 23. La *"password"* in questione, mi permise d'accedere al «Codice di Cheope e Chefren».
Sono quindi quelli i punti che ho rilevato radiestesicamente di cui ci vi ho menzionato prima.
Si tratta dell'effettiva 1^ rivelazione, in altre parole, della nascita della chiave di lettura che mi permise di scrivere il "Codice"!
I calcoli racchiusi nei 7 volumi, si consolidarono sull'esatto valore della tangente[56] delle loro basi architettoniche delle grandi Piramidi.
Era il *10 Febbraio 1989* e questa prima scoperta sulla capacità di conversione universale offerta dalle tangenti, la comunicai con indescrivibile entusiasmo all'Amico scrivendogli pressappoco così:

«Caro Amico,
Non leggere questa se prima non hai interpretato quella del 20/1/89! ...La lontananza può portare sfasamenti tra le mie missive e la tua sequenza di lettura ed oggi possono accavallarsi in pochi giorni significati di millenni! Quando avrai letto la lettera del 20/1/89 potrai meglio comprendere il senso di questa.
I misteri del Creato son sì grandi che non è data agli umani la possibilità di "intenderli", ma molti indizi vengono trasmessi dalle altre Dimensioni agli uomini di buona volontà, perchè meglio essi comprendano il Segno dell'Origine e lo trasmettano ad altri uomini.

---

[56] Funzione trigonometrica (simbolo tg), definita come il rapporto tra i due cateti di un triangolo rettangolo. Il primo cateto è opposto all'angolo che costituisce l'argomento della funzione. Il valore delle tangenti sono di: 1,27201735... e 1,3333333... rispettivamente per le piramidi di Cheope e di Chefren corrispondenti anche ai rapporti, 14/11 e 4/3. I cateti delle piramidi sono l'altezza e la semibase.
Nel caso della piramide di Cheope ho adottato il valore fornito dall'angolazione di 51° 50' 33" che equivale al rapporto di 14/11 pari a 1,2727 periodico. L'altezza equivalente della piramide di Cheope sarebbe quindi 146,68186 m anziché 146,6 m oggi considerati da Jean - Philippe Lauer. Rif. Bibl. "I Faraoni"-Il tempo delle piramidi-, pag. 82. Nel caso della piramide di Chefren l'angolo di base corrispondente è di 53° 7' 48",3.
Questi valori sono esattamente i Codici di Cheope e di Chefren che stanno alla base di tutte le conversioni dimensionali del nostro universo. Le sequenze di calcolo sono riportate nel disco digitale.

Le tue parole e le tue musiche si fondono tra loro, tra passato remoto e futuro che però è in quel passato remoto!
Anche nella canzone apparentemente frivola, tu parli una lingua remota ed io ne intendo le profonde lontane risonanze; tu trasmetti un'infinità di messaggi in codice e giorno dopo giorno si illuminano e si rendono puri e limpidi alla mia anima.

Le immagini che vedrai sono nate nella purezza d'animo ed anche tu sai che non un mia parola, può essere nei tuoi confronti menzogna, però, dovrò lo stesso illustrarti il "magico" cammino che mi ha condotto a quelle immagini che sono ora anche tue e dovrai tenerle strette a te ed altri occhi che tu non voglia non vedano quelle immagini finché non sarà giunto il tempo stabilito!

...Hai visto il volto dell'Alieno[57]? Quello che Elena[58] dice sia la mia "seconda pelle" e che dopo quella vi sia l'ossatura e la mia anima!
Quel volto a grandezza naturale, il tuo è ridotto, ora colorato con pastelli ed incorniciato, è collocato sotto la nostra foto d'Agosto.

Quando l'ho accostato per la prima volta ho visto che quella "seconda pelle" è comune anche a te! Dico anzi che la "stirpe" è a noi comune, noi "siamo di quella Stirpe"! apparteniamo a quella Stessa origine Cosmica!
"La seconda pelle"è comune a noi due e noi da dove troviamo comuni origini in quella "seconda pelle"?

Questa domanda mi ha assillato sin dal momento che l'ho accostata alla nostra fotografia!
Domenica 5 febbraio in pomeriggio ho deciso di affidarmi alla "prospezione radiestesica" per sintonizzarmi con qualche Terra che con me o noi abbia molta affinità!

Così ho preso il vecchio atlante storico Vallardi ed in mansarda, orientato a Nord, ho individuato quella retta inclinata ad Est ed i relativi punti d'intersezione con i meridiani ed i paralleli come vedi sui manoscritti.

---

[57] Volto in vista frontale compiuto radiestesicamente, in perfetta scala geometrica con i parametri della Chiusura Cosmica. Fu realizzato nei primi anni 70, dopo un ripetuto susseguirsi d'avvistamenti d'UFO che coinvolse la città di Torino in quegli anni.
[58] In quel tempo mia figlia aveva 9 anni.

Poi ho messo mano al mio nuovo atlante De Agostini, grazie a Liliana che ha insistito, affinché facessi la raccolta dei fascicoli per Elena. Mi sono dato alla ricerca più precisa dei punti interessati che poi ho definitivamente localizzato al "millimetro radiestesico" segnandoli sulla carta patinata stessa.

Devi sapere che quando faccio una prospezione radiestesica sulle carte geografiche, se non ho influenze emotive guidate da stimoli esterni che mi emozionano, provo una sensazione di risonanza molto ben localizzata nel punto interessato in corrispondenza del palmo della mano sinistra! Poi passo all'indice e puntualizzo maggiormente l'area che poi riduco ad un solo punto usando la punta acuminata di una matita: il punto[59] sarà indicato dalla massima rotazione che assume il pendolino perfezionandolo con la punta della matita!

Questi enti geometrici li ho trasferiti grossolanamente sulla piantina del vecchio Vallardi e li ho uniti con dei segmenti senza capirne il significato; poi sono ritornato all'atlante De Agostini ed intuivo che quei punti:

1 nei pressi di **Turabah**,
2 nei pressi del fiume **Karkheh**,
3 nei pressi di **Haql**,
4 tra **Lar** e **Bastak**,

mi avrebbero indicato aree o perimetri che avevano un riferimento importante ed ho iniziato ha scoprire rette ed incroci vari; ma solo dopo diversi tentativi, sistematomi sul tecnigrafo nel mio ufficio, ho scorto l'esistenza di una chiave di lettura!... Dovevo in sostanza considerare le antiche città Assire, Babilonesi, Egiziane quali punto di riferimento geometrico di perimetri sottendenti aree significative.

Sono stati molti i tentativi prima di capire che dovevo considerare Ninive a Nord ed unirla con una retta verso Sud passando per il 1° punto vicino a **Turabah**, proseguendo e superando **Ta'jzz** ed unire successivamente **Ninive** con i punti **2** e **4** e proseguire la retta sino ai pressi del monte **Jabal Ash Sham** e di

---

[59] La precisione d'approssimazione del punto rientra entro i 12 km nella scala 1 a 12.000.000 in cui è rappresentata l'Asia Anteriore.

Masqat, così appariva chiaro un triangolo di cui mancava la base; ma capii che dovevo unire **Ninive** al punto **3** presso **Haql** e proseguire da questo sino ad incrociare un'altra città significativa e questa è **Tebe**!

E da questa procedo e scopro che la base del triangolo altro non è che la retta che unisce **Masqat** a **Abu Simbel**!

Scopro poi che quello era un triangolo isoscele rettangolo ed allora ho tracciato gli opposti e si forma così il quadrato: **Ninive, Abu Simbel**, Sud di **Ta'jzz, Jabal Ash Sham, Ninive**!...

In un attimo ho intuito che quella era una geometria importante ed estremamente logica.

E' passato un baleno ed ho scoperto che i punti **2** e **4** erano equidistanti dall'asse del quadrato ed allora essi dovevano essere il punto di intersezione di altre linee ed infatti è nato il triangolo isoscele acuto sui quattro lati!!!

In quel momento avevo il cuore in gola!...

Scopro che il **1°** punto divide gli assi del quadrato nel suo terzo geometrico e così nascono i multipli dei quadrati: **3, 6, 9** e via sino all'infinito!!!

Mi accorgo che il Nilo a Sud ha una serie di città che sono quasi allineate, appoggio la riga del tecnigrafo e nasce il lato dell'**Ottaedro**!!!

Infine unisco le punte della "**Stella**" con il tratteggio e termino il disegno.

Gli angoli sono tutti multipli o sottomultipli esatti di **30°**, le proiezioni dei quadrati investono anche le città quali **Naqa, Adulis, Yeha** e tutte le più importanti antiche città del Nilo vengono inglobate nella "**Geometria**"!

Le misure dei lati sono espresse sia in millimetri che in chilometri ed intuisco anche nelle misure una relazione matematica con riferimenti dell'antichità Remota ma non sono in grado di intelligerli.

Certo il tuo sguardo sarà fondamentale per capire meglio questo Disegno!

E se così sarà spero Tu m'illumini!

C'è l'ultima sorpresa, alla sera, dopo cena quando scopro che il centro del quadrato passa proprio per il **Tropico del Cancro**!

Grande è l'emozione, grande è il mio stupore, sono stordito.

Alla mattina del 7 scopro che esiste anche una versione prospettica intimamente connessa con i punti radiestesici e nasce una **Piramide** in prospettiva con due importanti fughe geometriche su **Ninive** ed **Al Jizah**!

Quest'immagine si proietta sulle rette tratteggiate ad Est ed a Nord-Ovest.

Alla sera del 10 ho colorato ascoltando la tua musica e parole... e ti ho scritto questa lettera.

...Ciò che è accaduto rigurda noi due, non solo me!

Tutto ciò che si è trasformato in me nel tempo ha avuto origine ascoltandoti!

ed ascoltandoti cresco in questa nuova "dimensione Cosmica"!..»

Ora cari Amici disponete anche voi della *password* e potreste essere in grado di costruire un primo scheletro della Chiusura Cosmica vero?

Forse è ancora presto, ma abbiate pazienza, con un po' d'impegno supererete il ...*maestro*!

In quelle terre c'è un immenso inferno ricordate quanto abbiamo osservato poc'anzi?

I *4 punti* che vi ho elencato sono di fatto la *password* per decodificare il segreto delle piramidi!

Sì! È proprio così ed è su quei *4 punti radiestesici* che si basa l'origine della «Chiusura Cosmica».

Perché proprio là, avviene il drammatico incontro dei popoli della terra?

Adesso siamo attratti da forze opposte che agiscono su di noi eccitando l'esigenza di conoscere tutto quanto s'è *scoperchiato dal sepolcro* disegnato, ma nello stesso tempo ci fanno temere l'arcano in essi contenuto.

Vi porterò un esempio banale che dovrebbe rasserenarvi... lo volete conoscere?

Voi tutti ed anch'io, utilizziamo quotidianamente molti strumenti che chiamiamo, televisione, telefono, radiogrammofoni, cineprese digitali ed un'infinità d'altri oggetti simili, è vero?

Ora rispondete a questo quesito: sapete come e perché questi oggetti funzionano?

Allora non avete nulla da dire?
È ovvio quanto vi domando!
Li utilizziamo tutti noi quotidianamente, ma non sappiamo come funzionano.
Però coloro che li hanno progettati e costruiti loro... sanno sì, come funzionano!

Bene abbiamo risposto insieme alla prima domanda ed ora vi chiedo: vi addottrinereste anche voi a conoscere il loro funzionamento se partecipaste agli studi di preparazione per quella specifica materia?

Certamente lo potreste fare, salvo l'insorgere d'indesiderabili antipatie verso il tipo di materia in questione, imparereste anche voi come tutti coloro che hanno frequentato quegli studi di specializzazione su quelle tecnologie speciali!

Magnifico! Questa spiegazione ridimensiona la nostra stessa paura dell'arcano insito nei disegni cosmici di cui vi sto erudendo!

In questo modo se apprenderete la materia e conoscerete come *funzionano* queste *cose*, sarete padroni di gestirli come se si trattasse di uno qualsiasi dei nostri strumenti tecnologici di cui abbiamo fatto riferimento nell'esempio!

Ora ritorno al tema che m'è caro: il legame *arcano* con l'Amico che mi procurò quest'indecifrabile sconvolgimento esistenziale che ormai state conoscendo anche voi.

Un giorno, tentai un contatto intempestivo con una persona, subito dopo la definizione delle tangenti delle grandi Piramidi di Cheope e Chefren, stimolato da un articolo che apparve sulla rivista Astra nel Febbraio dell'89.

Allora scrissi all'Amico[60] il giorno 23/02/89 queste concitate parole:

---

[60] La missiva iniziava, come spesso accadeva, con alcune citazioni riguardanti il mio lavoro:
«Caro Amico, in questi giorni sto completando il manuale d'istruzioni per il montaggio del prototipo per ridurre le particelle di carbonio emesse dallo scarico di un autobus.
Appena questo manuale sarà terminato ne, farò copia ed allegato a questa mia te lo spedirò di tutta fretta per "espresso" affinché Tu sia il primo a vederlo!
Dopo questa breve introduzione entravo nel vivo dell'argomento sopra riportato.

«...Ieri spinto da una frenesia eccessiva ho contattato il prof... "pinco", dell'università di Bari dopo che è avvenuta la mia collisione con le notizie riportate sull'articolo a pagg. 90 di Astra, di cui ti allego fotocopia, intitolato: "Il segreto di Cheope è a Castel del Monte".

Alcuni giorni fa Rosanna, la maestra di yoga di Liliana, era nostra ospite e dopo aver visto il Disegno ha rintracciato quell'articolo e me l'ha fatto avere l'altra sera. Puoi immaginarti il mio stordimento!...sono rimasto sconvolto da troppe coincidenze tra i due disegni.

Tuttavia ora mi sono calmato ed ho compreso che devo stare più attento e controllarmi: forse non è giusto che quei docenti vedano il mio disegno, dato che l'ho inviato solo a te, perchè tu sei parte di me!

Forse loro hanno materializzato troppo un tenue ma vero messaggio iniziale.

Non è mio diritto giudicare tutto ciò, pertanto rassegno tutto nelle mani del Signore e sarà Lui a decidere cosa dovrà accadere!...»

Vi ho riportato il contenuto di questa missiva e ve ne saranno altre ancora, perché in essa traspare in modo chiaro quale rapporto s'instaurò tra me ed il mio Amico.

Come potete notare io rimettevo al *Dio Creatore* il mio incomprensibile *compito* che mi toccava svolgere giorno dopo giorno, o meglio notte dopo notte e... giorni festivi compresi!

Le rivelazioni s'addensavano convulsamente sui miei tavolati di calcolo e pochi giorni dopo, il 2 Marzo 1989, riscrivevo all'Amico dicendogli:

«...In assonanza con il tuo frasario e musica, ho scorto altre luci all'orizzonte ed ora ti narrerò di che si tratta: [61]
ho mangiato in tutta fretta il mio piatto di cavolo e ceci e mi sono precipitato a scriverti.

---

[61] Potrete accedere alle diverse fasi evolutive grafiche e matematiche della scoperta, avviando il disco digitale allegato al libro.

Quel disegno della piramide l'ho modificato così come lo vedi e credo che ora assomigli di più alla verità!
Fondamentalmente ho diviso "i due messaggi" non appartenenti alla stessa unità: un conto è il disegno che ha per centro la "grande Curva" ed un conto è il disegno che correla la Mecca ad altri riferimenti geografici arabi e greci.
Ora in questo disegno, Egiziani, Giudei, Medi, Sumeri, Assiri, Ittiti, Fenici e Persiani sono tutti compresi nel 1° Regno e soggiacciono tutti sotto la "Grande Curva" che misura 330 mm di arco.
Nella circonferenza di 77 mm di raggio vengono lambite: il Sinai, Gerusalemme, Damasco, Ninive, Ectabana, Persepoli e giunge tangente al lato Est del "Grande Quadrato".
Da questa tangenza nascono gli angoli di: 33° su Gerusalemme, 30° su Mezade e 29° nel punto perpendicolare al "Grande lato del Quadrato".
Gerusalemme dista dal centro della circonferenza 74 mm, tanto per essere un numero... "già detto".
Penso che questi disegni abbiano precisi riferimenti alla sfera stellare, appoggiandovi la velina noto in trasparenza un'infinità d'arcani legami:....ma son si tanto ignorante da non capirli...»

Ritornerò ben presto sui messaggi epistolari che scandivano l'incedere della scoperta, ma ora vi anticipo che in epoca recente presentai ad un gruppo di amici l'essenza di questa ricerca e preparai una presentazione sintetica del lavoro che è tutt'ora scaricabile da internet[62].

La sera della presentazione gli invitati videro una serie di diapositive[63] riproducenti i disegni e tra i più espressivi e basilari, osservarono la «Chiusura cosmica» e la «Grande Stella».

Dopo la proiezione, restarono profondamente stupefatti e uno di loro, mi suggerì di redigere una sorta di relazione per

---

[62] Al sito www.tenci.it
[63] Tratte dai disegni originali del lavoro, disegni rappresentanti le cosiddette:"La Chiusura Cosmica" e "La Grande Stella" che non volli mostrare direttamente, perché il mio senso di pudore me lo impediva.

presentare il lavoro. La documentazione così redatta, sarebbe forse servita per introdurre altre persone verso la materia trattata.

Alcuni di voi avranno letto quella presentazione, in internet? Vi sarà chi mi affermerà il proprio stupore a quella vista, come accade per ciò che ci resta nella memoria dopo un singolare viaggio in una dimensione astrale!

Seguii il loro consiglio e scrissi la prima sintesi della scoperta esattamente il 21 Marzo 2001 ed esordiva pressappoco in questo tono:

...Questa sintesi di presentazione si propone d'illustrare un tema delicato complesso e non usuale: quello tramandato dallo scibile umano e dal Trascendente per la prima volta congiunti nell'Unità.

Vi anticipo che la lettura del "Codice", consente anche l'interpretazione d'eventi attuali molto gravi quali appunto la distruzione delle storiche statue del "Buddha predicante". Di quelle statue, come contemplato nel 4° manoscritto, intitolato "La Grande Leggenda"[64], si trova la scomposizione di un basamento in pianta ed i riferimenti matematici relativi alla sua altezza.

Ed ancora...come voi sapete[65] è da circa un anno che il mio sentimento mi stimola verso l'emissione dell'opera. Il grave fatto avvenuto a Bāmiyān, Afghanistan Asia Anteriore[66], s'innesca perfettamente in ciò che fa parte della rivelazione.

Spinto da questa coincidenza temporale, comprendendo anche che non è opportuno cercar di eludere l'accaduto, tenterò

---

[64] Questo manoscritto, oltre alle statue in questione contiene il Calendario del "Quadrante Solare" già citato. I contenuti di questo manoscritto traggono la loro origine dal testo bibliografico: Aforismi e Discorsi Del Buddha a Cura Di Mario Piantelli Editori Associati Spa

[65] Qui è riferito agli amici.

[66] Ciò che sta accadendo nell'Asia Anteriore coinvolge tutti i popoli della Terra e dal futuro comportamento delle Istituzioni di potere dei Popoli coinvolti, potrebbe dipendere il futuro della specie umana e del pianeta Terra? Stando a quanto emerge dagli studi condotti in riferimento al Quadrante Solare dell'Era appena iniziata è un rischio possibile?.

quindi di redigere una presentazione della scoperta che possa essere introduttiva al principale messaggio contenuto nel mio lavoro.

Ad esempio: le statue in questione, appartenevano alle opere realizzate dall'«Uomo Illuminato». Intendo dire che le opere monumentali furono progettate e realizzate nel rispetto del "Codice Universale dell'Origine"?

Proprio così! Quegli uomini, hanno distrutto quindi un'opera che portava in sé il Codice segreto dell'Origine!

Nel 4° libro la "Statua del Buddha Predicante"[67] in questione era stata da me preventivamente scomposta individuandone i parametri costruttivi, esattamente in scala con le «Geometrie Cosmiche» dell'Origine. Questa scomposizione architettonica come tutte quelle appartenenti a questa ricerca, è sovrapponibile perfettamente ai riferimenti planimetrici sulla "Tavola 23 dell'Asia Anteriore"...

Sto forse giocando con il fuoco?
Rischio d'essere bruciato?
Sento che vi state avvicinando al cuore della questione!
Ma come vedete sino ad ora posso parlarvi! ...Intendo perfettamente l'imbarazzo che creerà in voi quanto vi sto dicendo e quanto vi dirò in seguito; ciò nonostante, riuscirò nell'intento d'informarvi su questa scoperta?

Siate certi che tutto ciò che ho scritto o disegnato o calcolato è *imprescindibilmente* ricongiungibile allo scibile umano acquisito sino ad oggi.

Mi potreste domandare: quanto sosterrò in seguito, essendo già acquisito dalla nostra scienza sperimentale che cosa ci trasmetterebbe di nuovo?

Vi rispondo affermando che tutto ciò che adesso apparirà visibile ai nostri sensi esteriori, sino ad ora, era magistralmente celato nelle opere artistiche scultorie eseguite dai nostri antenati!

---

[67] La scomposizione della planimetria della statua, IV-V secolo, è stata effettuata nel mese di Giugno del 1991, utilizzando l'antilogaritmo di 1,5 + l'antilogaritmo del Codice secondo Chefren dal quale deriva il riscontro esatto dell'altezza della statua pari a 53,16 m. Gli antilogaritmi adottati derivano dalla decodificazione dei numeri elencati nel testo Aforismi e Discorsi del Buddha (rif.bibl.).

Lo stesso principio vale per gli innumerevoli legami con il mondo invisibile del «Trascendente» riportato nei testi Sacri inviolati, dai quali dipenderebbe la vita dei popoli della Terra... e anche dell'*Universo*!

Su quale base scientifica *sputo* certe sentenze, come se m'immedesimassi in un *profeta dell'ultimo...minuto*?

In realtà non dico nulla di mio; ma mi limito a porre in *rilievo* le Parole di chi ci ha preceduto 2000 anni or sono e non solo le Sue, ma anche quelle degli altri messaggeri di tutti i tempi e di tutta la terra!

Mi riferisco forse a quanto volevo esporvi sulle parole di Gesù Cristo riportate da Tomaso nei *Vangeli Gnostici* o negli antichi scritti sapienziali dell'Antico Regno egizio?

Sì! Amici avete esattamente colpito il centro!

Uhm...quest'argomento incomincia a riscaldare l'atmosfera; ci risiamo nel rimescolio tra astronomia e religione?

Balbetterete piuttosto frastornati!

Per quale esatta ragione intendo esporvi i contenuti di certi testi religiosi?

Perché si palesino di fronte ai nostri occhi i costanti e precisi riferimenti alle leggi Divine!

Esse ci sono state trasmesse da millenni sempre con lo stesso senso!

Scoprirete che il significato delle parole del Messia è il medesimo riportato nei testi in Codice di tutta la terra di tutti i messaggeri che l'hanno preceduto.

Scoprirete che v'è un unico *pozzo* al quale hanno attinto tutti!

Quel *pozzo* io l'ho battezzato "Memoria Cosmica"! Ed io ho subito la stessa sorte senza l'intervento della mia volontà! Quindi non siamo soli nel *caos* della materia, bensì siamo *costantemente* osservati da altre Dimensioni dalle quali ci sono giunti i messaggi in codice dell'Origine.

Per questa ragione l'uomo della nuova Era non potrà arrogarsi la *bestemmia* contro quei Messaggi affinché la specie umana non si disperda!

Parole pesanti le mie?

Sono cosciente del loro reale senso?

Mi limito a fare una deduzione piuttosto terrena!

Intendo dire che se le rivelazioni che ci sono state trasmesse in questa circostanza di cui v'aggiorno, non sono il frutto del mio... *ventre*, esse appartengono alla Sapienza Universale e quindi, se in questa Era essa c'è stata rivelata in una certa misura, significa che si deve profondo rispetto agli insegnamenti che ci hanno impartito i Messaggeri che ci hanno preceduto.

Estrapolo il concetto e lo materializzo:...chi distrugge od altera i Messaggi dell'Origine commette la *bestemmia* contro lo *Spirito Santo* di cui ci parla appunto Gesù cristo per mezzo dei suoi discepoli?

Ma anche nell'Antico Regno egizio si fa specifico riferimento alla sacralità delle Piramidi di Cheope e Chefren.
Allora coloro che hanno distrutto le statue di Bāmiyān in Afghanistan hanno commesso una grave colpa?

Loro non conoscevano nulla di quegli insegnamenti remoti, oggi c'è stato dato lo strumento per interpretarli, tuttavia il male compiuto in quelle terre è immenso e si sta riflettendo in tutta la terra.

Abbiamo appreso che il male è dovunque e dal male si sviluppa altro male, pertanto anche coloro che hanno manipolato le parole dell'Origine sono nel peccato e si macchiano esattamente della stessa colpa!
Sarà il tempo a stabilire se quanto affermo è esattamente il significato contenuto nelle parole di Gesù Cristo?
Ok Amici! Non sono certo in malafede e quindi se vi saranno i miei errori d'interpretazione, le supposizioni che ho sostenuto saranno disperse nella polvere, mentre le esattezze d'interpretazione saranno mostrate e resteranno nella memoria.

L'argomento è complesso e tenterò di restituirvi, già in questa narrazione, alcuni frammenti tangibili di quanto asserisco, traendoli sempre dalle passate opere e ricerche degli studiosi che mi hanno preceduto.

Nel corso della chiacchierata, potrete scoprire con la pazienza introspettiva, d'essere voi stessi in grado d'individuare ed elaborare i diversi legami posti oggi alla luce di tutti noi. Constaterete che essi appartengono alla scienza da noi acquisita nei millenni trascorsi e scoprirete voi stessi l'esistenza dello strumento primordiale che espone la cronologia dei grandi eventi da me formulato nel «Quadrante Solare»[68].

In verità vi devo confessare che ho definitivamente rafforzato la persuasione di mettermi alla prova con questa narrazione, dopo aver letto con passione le riflessioni dell'astronomo Stephen Hawking.

Egli ci ha trasmesso un importante messaggio, infatti anche lui come tutti i suoi colleghi scienziati, s'interrogano sull'unità universale del «Creato» è su come potrà essere la «legge unificata» che lo governa sin dall'origine.

Anch'io m'auguro d'aver recepito il loro interrogativo che immutato da millenni, è parte integrale della nostra esistenza in questo pianeta. Il loro impegno scientifico, la loro incessante ricerca sulle origini e la natura dell'universo, costituiscono le fondamenta concrete sulle quali può sostenersi anche questa mia ricerca ?

---

[68] E' parte integrante il disegno della "Chiusura Cosmica", elaborato sul rapporto matematico, delle dimensioni del sole, usando il "codice" di calcolo secondo Cheope. L'intero quadrante copre una circonferenza equivalente alla conversione temporale della durata complessiva di 23323,18 anni; ovvero uguale ad una rivoluzione!
Nel primo quarto appena trascorso, sono cadenzati nel tempo gli eventi avvenuti nei millenni che ci hanno preceduto. Ad esempio: nell'anno – 5830,79 ci troviamo al raggio proiettato sul piano normale al valore zero ed il riferimento protostorico conosciuto, sono le "Tavolozze da Belletto" del periodo pre dinastico. Ciò avverrebbe contemporaneamente alla presenza in quel tempo di Noè. Mentre nell'anno –3139,12 la proiezione del raggio sul piano normale vale 11.43 ed in quel tempo, ci Ricorda Re Narmer I e la "Tavola Votiva" omonima.
Ad esempio gli Ebrei stanziatisi in Egitto sin dal 1700 a.C. c.a. acquisirono il culmine degli insegnamenti religiosi, nel tempo simbolico che si trova nella proiezione normale del raggio di valore 39,31, negli anni 1387,83 a.C.; ovvero sino a qualche anno prima che Echnaton portasse il paese al tracollo. Poi all'inizio del tempo di Ramses II (1290-1224), si sarebbe concluso l'esodo degli Ebrei con Mosè ed avvenne la trasmissione dei 10 Comandamenti. Se vogliamo scorrere rapidamente nel quadrante temporale, scopriamo che Gesù Cristo ed i Vangeli, si trovano all'anno 0 ed al raggio 61.4; mentre il secondo conflitto mondiale, si trova al raggio di 92,35. L'anno di nascita e morte assunto per il Buddha è negli anni – 547,38; - 497,12. Con questi primi elementi, un astronomo, dotato di buona volontà e illuminazione, sarebbe in grado d'identificare immediatamente il valore numerico del Codice di Cheope?

Loro[69] si domandano:

«...*ora, se crediamo che l'universo non sia arbitrario bensì governato da leggi ben definite, dovremo infine combinare le teorie parziali in una teoria unificata completa in grado di descrivere ogni cosa nell'universo...*»

«Stephen Hawking così continua:

...ma, se esistesse in realtà una teoria unificata completa, essa dovrebbe presumibilmente determinare anche le nostre azioni. In tal modo sarebbe la teoria stessa a determinare l'esito della nostra ricerca di una tale teoria! E per quale motivo essa dovrebbe stabilire che, a partire dai materiali d'osservazione, noi dobbiamo pervenire alle conclusioni giuste? Non potrebbe essa predire altrettanto bene che noi dovremmo trarre la conclusione sbagliata? O nessuna conclusione?...»

Egli dopo aver espresso questi interrogativi contrappunta:

«*...L'unica risposta che io mi sento di dare a queste domande si fonda sul principio darwiniano della selezione naturale. L'idea è che, in ogni popolo d'organismi che si auto riproducono, ci Saranno variazioni nel materiale genetico e nell'educazione dei diversi individui. In conseguenza di tali differenze, alcuni individui Saranno migliori di altri nel trarre le conclusioni giuste sul mondo che li circonda e nell'agire di conseguenza. Questi individui avranno maggiori probabilità di sopravvivere e di riprodursi, cosicché il loro modello di comportamento e di pensiero verrà a dominare. È stato certamente vero in passato che l'intelligenza e la scoperta scientifica hanno fornito un vantaggio ai fini della sopravvivenza. Non è altrettanto chiaro che oggi sia ancora così: le nostre scoperte scientifiche potrebbero benissimo distruggere l'intero genere umano e quand'anche così non fosse, una «teoria unificata» completa, potrebbe non fare molta differenza per le nostre possibilità di sopravvivere. Nondimeno, purché l'universo si fosse evoluto in un modo regolare, potremmo attenderci che le capacità di ragionamento largiteci dalla selezione naturale conservassero la loro validità anche nella nostra ricerca di una teoria unificata completa, e non ci conducessero quindi a conclusioni sbagliate...*»

---

[69] Tratto da "Dal Big Bang ai Buchi Neri" Stephen Hawking", Superbur saggi.

«Egli sostiene ancora che:

...oggi noi desideriamo ancora sapere perché siamo qui e da dove veniamo. Il profondissimo desiderio di conoscenza dell'uomo è una giustificazione sufficiente per il persistere della nostra ricerca. E il nostro obiettivo non è niente di meno di una descrizione completa dell'universo in cui viviamo...».

Ok Stephen e colleghi, anche noi ora ci domandiamo: è questo il tempo in cui si svela il *pensiero filosofico* che si snoda sul percorso che ci conduce a riconoscere l'esistenza di una grande, forse *infinita* "Sfera Cosmica[70]" capace d'avvolgere l'universo intero?
Noi non siamo forse parte integrante dell'universo e quindi di Dio? Egli non è forse in ognuno di noi ed in ogni atomo del Creato?
Molte azioni umane traggono origine da ciò che è sconosciuto ai nostri sensi, lo scibile umano sta per raggiungere la visione della "Sfera Cosmica"?
Forse l'uomo scoprirà la legge dell'Unità aiutato dalla *rivelazione* che s'è ora denudata ai nostri occhi?
A queste risposte ci si arriverà per passi successivi; ma i primi segni ci giungono già sin d'ora! Forse oggi s'è squarciato un velo su un'altra grande Verità!
In questo *squarcio* nessun "numero neofondamentale" da me individuato, sussisterebbe se non grazie, alla costante e continua comparazione, con i parametri della scienza sperimentale acquisita. I numeri che gli scienziati hanno consolidato nei secoli di ricerca, stanno alla base della nostra esistenza?
Più avanti scopriremo come essi rappresentino le basi di sostegno per la possibilità della vita materiale nel nostro pianeta.
Tornando al nostro Sistema Solare, per citarvi un esempio a conferma della fondatezza delle *rivelazioni*, v'informo che quando venni a conoscere le dimensioni di Caronte e Plutone impresse in perfetta scala su alcuni reperti proto dinastici, di cui vi farò

---

[70] Tratta dalla planimetria della "Chiusura Cosmica", si vedrà successivamente nel testo l'illustrazione che la rappresenta.

conoscere le immagini sul disco digitale, l'emozione fu incontenibile!

Furono i reperti archiviati presso il Museo Egizio di Torino a fornirmi i valori da cui potei rilevare la verosimiglianza con i reali corpi orbitanti.

Come faci ad individuare quei reperti tra mille e più esposti al Museo?

Devo essere franco, ma quanto sto per dirvi vi farà nuovamente rizzare i capelli!

È come se fossi *guidato* da un possente impulso istintivo. Il mio cervello identificava in un batter d'occhio il *Codice geometrico* in essi racchiuso!

Vi farà sorridere mi paragonereste a *Nembo Kid*?

Ho forse la vista ai raggi X come lui?

Pensatela come preferite Amici!

I fatti dimostrano che in quel tempo della ricerca, scrivevo le lettere alla Sovrintendente del Museo Egizio di Torino. In esse richiedevo *insistentemente*, lottando contro la sua *indifferenza*, l'autorizzazione a compiere le debite misure sui reperti che avevo perfettamente già identificato in una mia precedente visita nelle bacheche esposte al pubblico.

Percepivo ciò che i sensi esterni non sono in grado di individuare?

Sì Amici!

M'è naturale percepire nelle opere architettoniche e scultorie dei nostri avi, la struttura del calcolo geometrico del progetto.

Recepisco perfettamente l'autenticità del Codice incorporato. Esso si esprime nei rapporti matematici del Sistema Solare e ben oltre in perfetto rapporto con le tangenti delle Piramidi di Cheope e Chefren!

Ciò fu possibile solo perché disponevamo in quel tempo, dei primi rilievi approssimativi riportati sui testi d'astronomia stampati alcuni anni prima.

Infatti, circa 137 anni or sono, Plutone e Caronte si coprivano e si scoprivano nella loro eclisse. Grazie a quest'evento, sarebbe stato possibile misurare con un'accettabile approssimazione il loro diametro.

Forse sì, se in quel tempo si fossero... conosciuti; ma pur ammettendo questa possibilità avremmo posseduto telescopi tanto potenti da osservare quei corpi freddi così lontani?

Come se ciò non bastasse dobbiamo tener conto che il loro fenomeno di reciproca occultazione non era assolutamente noto, e così, si dovette attendere il XX secolo affinché si ripetesse l'appuntamento astronomico.

Però ora quel fenomeno era osservabile con i telescopi ormai sufficientemente evoluti ed in grado di definire con notevole approssimazione, anche i corpi più lontani del nostro Sistema Solare.

Ciò nonostante, per ottenere le misure ancora più precise, si dovette indugiare sino a, quando fu riparato il difetto d'astigmatismo dell'Hubble Space Telescope nel 1992.

Ehi Amici, ci stiamo trasferendo nello spazio intergalattico? Placatevi e lasciatemi spiegare: dopo l'esecuzione delle misurazioni, fu definito e pubblicato sui testi specializzati, il loro diametro e con entusiasmo indescrivibile, riscontrai che i valori da me prima "predetti", erano in realtà coincidenti. Anche in questo caso accettai con sottomissione, questa *provocazione* d'origine archeoastronomica.

Tutto ciò mi parve una nuova conferma dell'esistenza di un preciso legame matematico tra gli oggetti manufatti nel neolitico ed in Sistema Solare e la nostra Galassia!

Tutti questi eventi mi stimolarono molte domande.

Che cosa mi sta accadendo?

Perché mi ritrovo sospinto in quelle ricerche che sono estranee alla mia vita professionale?

Quale energia motrice indirizzò il mio istinto ad avviare gli studi e le ricerche a tempo opportuno?

Oggi sappiamo tutti che il mio studio, non avrebbe fornito alcun risultato se lo avessi iniziato prima!

Esso sarebbe stato forse confrontabile con le informazioni scientifiche disponibili anche solo di qualche anno prima?

No!... la risposta è netta! Non sarebbe stato possibile alcun confronto!

Giacché quelle misurazioni sperimentali, furono disponibili di fatto, solo poco tempo prima che iniziassi le ricerche.
Tutto questo susseguirsi d'eventi, vi confesso, mi turbarono profondamente, ma vi assicuro che uno ad uno ve li esporrò. Le circostanze che si verificarono intorno a me, a mio giudizio, furono un fenomeno *anomalo* rispetto all'omogeneità del nostro pensiero corrente e solo se le presenterò nella loro reale evoluzione temporale, esse saranno comprensibili ed in grado di stimolare il vostro desiderio speculativo.

Ho forse ricevuto l'illuminazione dalla... civiltà *extraterrestre* che si diletta a disegnare i *cerchi* nei campi di grano?
E se così fosse quale problema si genererebbe?
Non scaldiamoci in azzardate ipotesi, perché qui l'atmosfera è già rovente di per sé! Non vi pare?

Ok! Non avrei nulla da dire, tanto, è tutto così lontano dalle nostre possibilità di contatto diretto con tali dimensioni che possiamo sostenere qualsiasi ipotesi ed essere creduti da milioni di seguaci in cerca di un nuovo *dio dell'ultimo minuto!*...

Ritengo che per ottenere la vostra comprensione non dovrò percorrere scorciatoie, per questa ragione prima d'inoltrarvi nel cuore del racconto, credo sia opportuno fornirvi qualche "riferimento storico"[71] relativo all'Archeoastronomia che come avrete già compreso rientra a far parte integrante della mia scoperta.

«...Questa scienza è la tendenza, relativamente recente, degli studiosi dell'astronomia ortodossa a rivolgere l'attenzione con maggior frequenza, alle vestigia lasciate dai popoli protostorici.
Lo studio analizza ogni loro possibile o verosimile connessione con rituali, cerimonie e attività che abbiano in ogni caso coinvolto l'osservazione del cielo e degli astri. I presupposti scientifici dell'Archeoastronomia si fanno risalire al 1890, quando l'astronomo inglese J. N. Lockyer, durante un viaggio in Grecia, fu incuriosito dall'orientamento d'alcuni monumenti della classicità, considerandolo dettato da precise cognizioni astronomiche, volutamente poste

---

[71] Descrizione tratta da: *"Omnia"* Istituto Geografico De Agostini.

in evidenza dai costruttori. Convinto che analoghe testimonianze fossero deducibili dallo studio delle antichità d'altri popoli, si trasferì in Egitto dove condusse indagini sulle proprietà geometriche e topologiche, delle grandi piramidi e dei templi di Karnak. Quest'analisi lo persuase dell'importanza che dovettero certamente rivestire per la società egizia alcuni fondamentali elementi dell'astronomia osservativa: obliquità dell'ellittica, punti solstiziali ed equinoziali di levata del Sole, escursioni stagionali della Luna, polo celeste, posizioni di stelle considerevoli e visibilità di costellazioni rituali.

Lockyer scoprì che l'asse maggiore del tempio di Amon-Râ, è disposto nella direzione in cui si scorgeva tramontare il Sole al solstizio estivo di 50 secoli or sono. Gli studi ammisero che il criterio seguito dagli antichi costruttori, nell'orientare alcuni edifici particolari, o nell'allineare determinati elementi architettonici, non costituiva un elemento casuale, bensì era suggerito dalla necessità rituale di tener conto della posizione assunta dagli astri. Da questi primi studi, l'estensione delle interpretazioni derivate dalle indagini di Lockyer, insieme alle conoscenze acquisite sulle variazioni del firmamento, manifestatesi nei secoli e strettamente connesse al fenomeno della precessione, consentì l'elaborazione di un attendibile metodo di datazione dei reperti.

Le scoperte e le deduzioni di Lockyer, pubblicate nel libro The Dawn of Astronomy, *rappresentano un'opera che può essere considerata la prima nel campo dell'Archeoastronomia. In seguito, fu ancora lui, coadiuvato da F. C. Penrose, ad interessarsi dei celebri allineamenti di Stonehenge suggerendone la possibile relazione con le digressioni stagionali del Sole e della Luna. Di conseguenza, i due poterono datare il complesso al 1800 a. C. con un margine d'errore che ben si è poi accordato con i metodi del radiocarbonio. In seguito G. Hawkins, assimilò gli allineamenti di Stonehenge, a una specie di primitivo calcolatore analogico d'eclissi. Egli s'interessò anche delle enigmatiche raffigurazioni impresse sul terreno a Nazca, in Perú; ma sono i misteriosi allineamenti di pietre che sorgono nelle più diverse regioni d'Europa, a costituire il maggior campo di prova dell'Archeoastronomia. Vanno annoverati tra questi, il monumento megalitico di Callanish, nelle Ebridi, il cerchio di pietre di Drumber, di Temple Wood, dai quali A. Thom dedusse la misura della «yarda megalitica» in 83 cm. A Carnac, in Bretagna, si ergono file di grandi pietre allineate, fra le quali il grand menhir sembra costituire il centro di un gigantesco quadrante astronomico. Documenti di valore analogo non mancano in Italia dove s'incontrano i cosiddetti castellieri, recinti in parte disordinati di pietre, poste a difesa d'insediamenti protostorici nei quali risaltano corridoi, valli e piazzole orientate, ritenute da molti archeologi, postazioni astronomiche d'osservazione. Negli anni Settanta, studi ad orientamento Archeoastronomico, sono stati condotti anche su altre civiltà scomparse, come quella nuragica e quelle mesoamericane dei Maya, degli Aztechi, dei Toltechi. Le loro straordinarie cognizioni astronomiche, cosmogoniche e numerologiche, consentirono loro di erigere edifici pubblici e di culto, di rilevante interesse Archeoastronomico. Il Castillo e il Caracol a Chichén Itzá in Messico, i templi-osservatorio della città di Uaxactún in Guatemala, le piramidi del Sole e della Luna a Teotihuacán e la celeberrima Pietra del Calendario, gigantesco monolite scolpito a sintetizzare l'intera cosmologia azteca, costituiscono gli esempi più espressivi di un'arte concepita in stretta aderenza alla teogonia celeste.*

Infine, non possono esser taciute le caratteristiche recinzioni di pietra, fino a 30 m di diametro, dette Ruote della Medicina che s'incontrano sulle alture dell'America Settentrionale ove furono disposte dalle antiche tribù indiane con finalità, forse, oracolari e nelle quali John A. Eddy è riuscito ad individuare alcune chiare testimonianze di carattere astronomico...»

Adesso avete qualche informazione in più amici sugli argomenti che denuderemo lungo la narrazione del nostro viaggio attraverso i millenni!

Potrete così scoprire anche voi che, così come sorsero quelle opere megalitiche e gli innumerevoli disegni rupestri ed incisioni parietali, rappresentanti gli animali e le scene di caccia, anche gli Etruschi trasferirono amorevolmente l'antica sapienza dell'uomo, accompagnandola con le loro opere, sino all'anno "Zero[72]" nella loro Etruria oggi detta Toscana.

Apprenderete perché avvenne da parte loro questa transizione ed evoluzione!

---

[72] Anno di nascita di Gesù Cristo

Forse è accaduto tutto come si compie in una corsa a staffetta?
In un certo senso sì!
Gli Etruschi la passarono di mano ai popoli aborigeni dell'Italia dell'epoca, rinnovando la veste della cultura per tutto il tempo seguente che durerà sino al nostro XXI secolo.
Voi credete a questa *enunciazione*?
Forse state cercando nei vostri ricordi scolastici, elementi storici che sostengano questa nuova ipotesi?

Ora mi sto forse immedesimando in un *Etrusco* per narrarvi com'è avvenuto il trapasso tra le ere, protostorica e storica?
Tenterò di illustrarvelo come se mi immedesimassi in un Etrusco!

Questo vostro legittimo desiderio di abbracciare i milioni d'eventi che s'accavallano freneticamente in queste pagine appena lette, troverà in questo racconto, un sostegno che si baserà su alcuni simboli e strumenti ripetutamente utilizzatati dagli etruschi.

I loro simboli risalgono ai primordi della sapienza della preistoria! Per questa ragione la narrazione richiamerà in primo piano il loro ruolo di *traghettatori* dal passato remoto, al tempo relativamente moderno!

Ecco spiegata la ragione di quest'anomalo *intermezzo* letterario che v'ho anticipato ora.
Quanto oggi stiamo per apprendere, fonda le sue radici proprio nell'azione compiuta dai... *Traghettatori Etruschi della sapienza mediorientale* nel nuovo tempo.

Se giungerete a quel punto dove s'alzeranno i *veli*, potrete scoprire voi stessi attraverso la *luce*, i simboli e gli strumenti che s'originarono nelle remote civiltà Sumere ed Egizie di almeno 6000 anni fa!
Di quali simboli intendo farvi cenno?

Si tratta forse della croce uncinata o *svastica*, in contrapposizione con il simbolo della *Stella di Davide* d'Israele?
Sto mettendo in luce un argomento scottante?
Mi rendo conto di quanto sto affermando?
Certamente Amici!
Ho le prove di quanto asserisco e vi porrò nelle condizioni d'essere

voi stessi testimoni nel tempo in cui, quei simboli s'originarono!

Ma adesso anch'io m'accodo, al lavoro già avviato dai ricercatori che mi hanno preceduto, illustrandovi la 1^ *rivelazione* che c'insegna anche un'innovativa metodologia d'analisi, ed un nuovo percorso speculativo sulle leggi universali che ci governano e che ci son giunte quasi sempre, attraverso simboli ed immagini *misteriose* anziché apparirci nella loro nudità!

Adesso intendo tornare brevemente alla questione dell'Antico Testamento e degli altri testi religiosi di cui v'ho fatto menzione in precedenza.

Vi riporterò alla *luce* alcune frasi restituite nei testi sacri che ci faranno discutere parecchio circa il legame tra lo scibile ed il trascendente!

Vi ricollegherò il percorso tra l'Antico ed il Nuovo Testamento attraverso alcuni salmi rilevanti ad esempio come quello che segue.

1.2 Nel Deserto : dalle acque di Meriba.

...Or, venne a mancare l'acqua alla comunità, e si adunarono contro Mosè e contro Aronne. Anzi il popolo contese di nuovo con Mosè, dicendo: « Oh, se si fosse morti anche noi, quando i nostri i fratelli morirono davanti al Signore! Ma perché avete condotto il popolo del Signore in questo deserto, a morirvi noi e il nostro bestiame? Perchè ci avete fatti partire dall'Egitto per condurci in un luogo così arido in cui non si può seminare, dove non ci sono fichi, né viti, né melograni, dove manca persino acqua da bere?» Allora Mosè e Aronne lasciarono l'assemblea e si recarono all'ingresso del Tabernacolo di convegno, si prostrarono con la faccia a terra, e la gloria del Signore apparve loro. E il Signore parlò a Mosè, dicendo: « Prendi la verga; poi tu e il tuo fratello Aronne adunate la comunità, e, alla presenza loro, dite a quella rupe che dia le sue acque. Tu farai scaturire da questa rupe dell'acqua, e darai da bere alla moltitudine e al suo bestiame ». Allora Mosè, come il Signore gli aveva comandato, prese la verga, che era davanti al Signore.

Quindi Mosè e Aronne convocarono l'assemblea di fronte alla rupe, e Mosè disse loro: «Ascoltate dunque, o ribelli; vi faremo noi uscire dell'acqua da questa rupe? ». E Mosè alzò la mano, percosse la rupe con la sua verga due volte, e ne sgorgò sì gran quantità d'acqua, che poté bere tutta la comunità e il suo bestiame. Ma il Signore disse allora a Mosè e ad Aronne: Poiché voi non avete avuto fede in me, proprio quando io volevo che fosse riconosciuta la mia santità agli occhi dei figli d'Israele, voi non introdurrete più questo popolo nel paese che io gli ho destinato. Queste sono le acque di Meriba, dove i figli d'Israele contesero col Signore; ed egli dimostrò la sua santità in mezzo a loro».

Avete compreso dalle parole di Dio dette a Mosè che ciò che non ci appartiene, non lo possiamo utilizzare per gestire il nostro potere terreno?

Ovvero molte nostre scoperte sono in realtà il frutto d'*illuminazione* che ci deriva dalle dimensioni dell'Origine. Non sono cose che ci appartengono, infatti, gli scienziati non *nascondono...* sempre le chiavi dello scrigno del loro scibile.

Loro a piccoli strappi, lo divulgano perché anche loro... si scontrano costantemente con i *farisei* e gli *scribi* della nostra Era.
Che cosa intendo dire?
Vi rispondo evidenziando gli ostacoli che si frappongono tra i ricercatori ed i *baroni* arroccati negli scranni del conservatorismo!

Anche nella medicina abbiamo amici che hanno esposto nuove terapie e sono stati posti al confine onde non nuocere alla... *tradizione,* vero?
Intendo dirvi che ciò che esporrò sarà analizzato dagli scienziati, ma è probabile che per un certo tempo lo faranno nel segreto, per non perdere il loro posto di lavoro ad esempio!
Una cosa del genere potrà accadere e molti tra loro si opporranno con ogni mezzo all'analisi di queste rivelazioni!

Tutto ciò è parte dell'essere umano e si dovrà accettare anche questa volta come è sempre stato in passato.
Ok Amici! In ogni modo sarà ciò che accadrà, solo adesso dopo questa prima spiegazione potrò iniziare a parlarvi della seconda fonte d'ispirazione che mi colpì durante l'evolversi degli studi.

Adesso depongo il primo libro ed afferro il secondo sfogliando una alla volta le pagine contrassegnate dai foglietti segnalibro.

Ponendo l'indice sul primo foglio vi leggo alcune parole di Gesù Cristo riportate nel Vangelo di Tomaso[73], nei *Vangeli Gnostici* che pare siano rimaste *integre* nella loro versione originale!

1 «...Egli disse: colui che scopre l'interpretazione di queste parole non gusterà la morte».

2 «...Colui che cerca non desista dal cercare fino a quando non avrà trovato; quando avrà trovato si stupirà. Quando si sarà stupito, si turberà e dominerà su tutto».

3 «...Gesù Cristo disse:
Se coloro che vi guidano vi dicono:
Ecco il regno di Dio è in cielo! Allora gli uccelli del cielo vi precederanno.
Se vi dicono: È nel mare! Allora i pesci del mare vi precederanno.
Il regno è invece dentro di voi e fuori di voi.
Quando vi conoscerete, allora sarete conosciuti e saprete che voi siete i figli del Padre che vive.
Ma se non vi conoscerete, allora dimorerete nella povertà, e sarete la povertà ».

18 «...I discepoli di Gesù dissero: Manifestaci quale sarà la nostra fine. Gesù rispose: Avete scoperto il principio voi che vi interessate della fine? Infatti nel luogo ove è il principio, là sarà pure la fine. Beato colui che sarà presente nel principio! Costui conoscerà la fine e non gusterà la morte».

---

[73] Santo, presente nella lista degli apostoli della tradizione sinottica (*Marco* 3; 18 e parall.), è caratterizzato criticamente nel Vangelo di Giovanni come personificazione della fede bisognosa di dimostrazione sensibile (*Giovanni* 20; 24 e ss.) e non puramente fondata sull'annuncio della predicazione. La figura di Tommaso è stata oggetto di elaborazione leggendaria da parte di diverse tradizioni religiose: all'apostolo, che avrebbe ricevuto rivelazioni dirette da parte di Gesù, sono attribuiti scritti apocrifi quali il *Vangelo di Tommaso.* e l'*Apocalisse di Tommaso*. Secondo una notizia di Origene, ripresa da Eusebio di Cesarea, avrebbe predicato nella Partia, e, secondo gli apocrifi *Atti di Tommaso*, in India. All'attività evangelizzatrice di Tommaso fanno risalire la propria origine i cosiddetti *cristiani di San Tommaso* della costa del Malabar, nell'India sud-occidentale. Un'antica tradizione pone a Edessa la tomba del santo. Festa il 3 luglio. *Tratto da: Omnia - © 2001 Istituto Geografico De Agostini.*

24 «...*I suoi discepoli dissero: Istruiscici sul luogo ove tu sei, giacché per noi è necessario che lo cerchiamo. Egli rispose loro: Chi ha orecchie, intenda. Nell'intimo di un uomo di luce c'è luce e illumina tutto il mondo. Se non illumina sono tenebre.*

33 «...*Gesù disse: Ciò che udrai in un orecchio, proclamalo sui vostri tetti nell'altro orecchio.*
Nessuno infatti, accende una lucerna per metterla sotto il moggio, né la pone in luogo nascosto, bensì la mette su un candeliere affinché quelli che entrano e quelli che escono vedano la sua luce».

39 «*I farisei e gli scribi hanno preso le chiavi della conoscenza e le hanno nascoste. Essi non sono entrati e non hanno lasciato entrare quelli che lo volevano. Voi, però, siate prudenti come serpenti e semplici come colombe*».

44 «*A colui che bestemmia mio Padre sarà perdonato, e a colui che bestemmia il Figlio sarà perdonato.*
Ma a colui che bestemmierà lo Spirito Santo non sarà perdonato né in terra né in cielo»[74].

---

[74] La stessa scrittura è riportata nei Vangeli ortodossi di
-Luca: «*Vi dico pure: chiunque mi confesserà davanti agli uomini, anche il Figlio dell'uomo lo confesserà dinnanzi agli Angeli di Dio; ma colui che mi rinnegherà davanti agli uomini, sarà rinnegato dinnanzi agli Angeli di Dio. Chiunque parlerà male del Figlio dell'uomo, gli sarà perdonato; ma a chi avrà bestemmiato contro lo Spirito Santo, non sarà perdonato. Quando vi condurranno davanti alle sinagoghe, ai magistrati, alle autorità, non vi preoccupate del come vi difenderete, o di cosa dovrete dire; perché lo Spirito Santo vi insegnerà in quel momento come bisognerà parlare*».
-Marco: «*In verità vi dico che saranno rimessi ai figli degli uomini tutti i peccati e le bestemmie che avranno pronunciate; ma chi avrà bestemmiato contro lo Spirito Santo, non riceverà perdono in eterno, essendo colpevole di eterno peccato*».
-Matteo: «*Chi non è con me è contro di me, e chi non raccoglie con me disperde. Perciò io vi dico: ogni peccato e ogni bestemmia sarà perdonata agli uomini, ma la bestemmia contro lo Spirito Santo non sarà perdonata. Chiunque parlerà contro il Figlio dell'uomo, sarà perdonato; ma chi avrà parlato contro lo Spirito Santo, non sarà perdonato né in questa vita né in quella futura*»

*77 «Io sono la luce che sovrasta tutti loro.
Io sono il tutto.
Il tutto promanò da me e il tutto giunge fino a me. Spaccate del legno, io sono li dentro.
Alzate la pietra, e lì mi troverete».*

*113 I discepoli gli domandarono:
«in quale giorno verrà il regno?»
«Non verrà mentre lo si aspetta.
Non diranno Ecco è qui!.
Oppure : Ecco è là!.
Bensì il Regno del Padre è su tutta la terra, e gli uomini non lo vedono».*

Siamo sicuri che queste sono le parole originali del Messia?
Nel mio cuore vi annuncio che son convinto di sì.
Di fatto esprimono in parte, anche la gnosi dell'autore.
Quelle frasi ci paiono tanto diverse da quelle che sentiamo, nelle omelie!
In ogni caso hanno un suono genuino!
Chi avrebbe avuto interesse a mistificarle?
Per quale ragione?
E per di più, non sono state manomesse da alcun'istituzione per quanto ne sappiamo[75], perché è stato un patrimonio gestito tutto

---

[75] Luigi Moraldi, nella prefazione del testo chiarisce quanto segue.

*«...I Codici contenenti i testi gnostici comunemente denominati « Testi di Nag Hammadi» dovettero attendere a lungo la pubblicazione definitiva (dal dicembre 1945.. data della scoperta.. al 1972.. data del primo volume in facsimile). In questo periodo gli scritti conobbero varie peripezie. Alcuni furono parzialmente o integralmente studiati e pubblicati in edizioni che rappresentarono a volte un vero e proprio scoop giornalistico: anche per oggettive condizioni di fatto, si trattava di versioni non basate su "originali" controllati accuratamente. Introdussero pertanto designazioni (numeri dei codici.. pagine.. righe, ecc.) errate o molto approssimati- ve.. che generarono una notevole confusione. In una simile situazione, quando dei manoscritti era nota soltanto una Piccola parte, si diffusero false numerazioni di codici e titolature non verificate.
Tutto si avviò a una definitiva sistemazione non appena cominciarono a uscire i grandi volumi dell'edizione, frutto del lavoro accuratissimo di una équipe di specialisti e di molti tecnici, che mise a disposizione degli studiosi uno*

nelle mani degli studiosi dell'antica scrittura in copto ed in aramaico!
In verità la *Sapienza*[76] racchiusa in tutti gli scritti gnostici ritrovati in quell'otre è ben al di sopra della conoscenza di noi *uomini del terzo millennio*!

strumento indispensabile e unico: The Facsimile Edition of the Nag Hammadi Codices, Published under the Auspices of the Department of Antiquities of the Arab Republic of Egypt in Conjunction with the United Nations Educational, Scientific and Cultural Organization; il primo volume fu edito nel 1972 e gli ultimi nel 1977. *La serie completa consta di 10 volumi contenenti tutti i testi in lingua copta. A questi volumi fanno ormai riferimento tutti gli studiosi e su di essi è scrupolosamente basata la presente versione italiana nonché tutte le indicazioni critiche che l'accompagnano (designazione dei codici, delle pagine, delle righe e dei titoli).*
Nella bibliografia particolare che ho annesso a ogni singolo Vangelo ho menzionato anche le prime edizioni parziali e imperfette del testo copto, che hanno importanza per la storia della conoscenza dei testi.
Sulle scoperte, sui codici, sui titoli degli scritti e per la versione italiana di alcuni tra i Più importanti, rinvio al mio volume, Testi gnostici, Torino, 1982.
Per ovviare alle confusioni e incertezze del passato, oggi gli studiosi si attengono nelle citazioni al seguente metodo: si rinvia all'edizione in facsimile, facendola seguire dal numero del codice, della pagina e delle righe cui ci si riferisce. Tale è il procedimento qui adottato nel presentare i testi, accompagnati, a margine, dall'indicazione delle pagine e delle righe (numerate ogni dieci). Allo stesso criterio mi sono attenuto nel rinviare ad altri testi. Ad esempio: NHC, XIII, 35, 1-10, cioè NH, Codex XIII (dell'edizione in facsimile), p. 35 dalla riga 1 alla riga 10. Oppure si dà la titolatura ufficiale del trattato, facendo seguire le stesse indicazioni; ad esempio: Protennoia Trimorfe, 35, 1-10. Di questo metodo mi sono servito nelle note e nei commenti. L.M. ...»

[76] Leggiamo in proposito l'esempio riportato nei passi seguenti:
«25...Come l'ignoranza di una persona si dissolve da sola, nel momento in cui ella conosce. Come si dissolve l'oscurità nel momento in cui splende la luce, così la deficienza dispare nella perfezione. Da questo momento appare più l'apparenza esterna: si dissolverà fondendosi nell'unità, mentre ora le loro opere sono disperse. In (quel) momento l'unità porterà alla perfezione gli spazi».

«10...Nell'unità ognuno ritroverà se stesso. Nell'unità, per mezzo della conoscenza, egli purificherà se stesso dalla molteplicità; come una fiamma,

Possiamo Supporre che gli autori dei testi fossero *extraterrestri* giunti per lasciare un messaggio fondamentale per l'umanità? Sicuramente quegli uomini erano illuminati e può darsi che attinsero alla *Sapienza* contenuta nella "Memoria Cosmica".

Da questo punto di vista erano indubbiamente *extraterrestri*!

Inoltre, molti tra i discepoli, ricevettero in prima persona l'energia *Cosmica* liberata dal Messia!

---

divorerà in se stesso la materia: l'oscurità per mezzo della luce, la morte per mezzo della vita».

«20...Se questo, dunque, avvenne a ognuno di noi, è anzitutto necessario che ognuno rifletta a che l'abitazione sia santa e tranquilla per l'unità». *Tratto da: «VANGELO VERITÀ», « I Vangeli Gnostici» a cura di Luigi Moraldi, pag. 34*
Ed ancora:
«20...Luce e tenebre, vita e morte, destra e sinistra, sono tra loro fratelli. Non è possibile separarli. Perciò né i buoni sono buoni , né i cattivi sono cattivi, né la vita è vita, né la morte è morte. Per questo ognuno si dissolverà nel suo stato originale. Ma coloro che sono al di sopra del mondo sono indissolvibili ed eterni».
«20...I figli dell'uomo celeste sono più numerosi di quelli dell'uomo terrestre. Se sono numerosi i figli di Adamo, quantunque muoiano, tanto più i figli dell'uomo perfetto che non muoiono, ma sono continuamente rigenerati.
«30...Bene disse il Signore: Alcuni entrarono nel Regno dei cieli ridendo, e uscirono. *Essi non vi rimasero* perché l'uno non era un cristiano, l'altro perché in seguito rimpianse (la sua decisione). Non appena il Cristo discese nell'acqua, ne uscì *ridendo* di tutto, non perché fosse per lui un gioco, *ma per* l'assoluto disprezzo che ne aveva. Colui che *vuole entrare* nel Regno dei cieli, vi giungerà. Se disprezza il tutto (di questo mondo) e lo considera un gioco, *ne uscirà* ridendo.
«10...Se qualcuno diventa figlio della camera nuziale riceverà la luce, Se qualcuno non la riceve, mentre si trova in quei luoghi, non la potrà ricevere nell'altro luogo. Chi riceverà quella luce non sarà visto, né potrà essere preso; costui non potrà venire molestato, anche se vive nel mondo. E, ancora, quando abbandona il mondo egli ha già ricevuto la verità per mezzo di immagini. Il mondo è diventato un eone *(indefinita unità di tempo, superiore alle stesse ere)*, perché l'eone è, per lui, pienezza. È in questo modo: è rivelato soltanto a lui; non è nascosto nelle tenebre e nella notte, ma è nascosto in un giorno perfetto e in una luce santa.
Tratto da: «VANGELO DI FILIPPO», « I Vangeli Gnostici» a cura di Luigi Moraldi, pagg. 50-54-67-76.

Le date sono incerte e per alcuni autori dei testi, Gesù Cristo poteva già essere deceduto da più decenni, ma ciò nonostante quell'energia *Illuminante* persistette ancora per alcuni anni ed è la sua proiezione nel tempo che *vibra* ancora oggi!
Da quando in qua il Messia sarebbe deceduto?
A noi appare chiaro che sia risorto!
Certamente questo concetto è scritto nel nuovo testamento, ma 2700 anni prima di Lui furono trasmessi gli stessi pensieri e molto prima erano *criptati* nelle opere scolpite dai nostri lontani antenati di oltre 6000 anni fa! Erano già state espresse anche dai Messaggeri dell'Asia orientale.
Questi concetti sono affini alla filosofia scintoista[77], ma allora perché insisto sulle parole del Messia?
Ho il coraggio di esprimermi in forma elementare senza deviazioni?
Ammettiamo l'esistenza di una moltitudine di *dei*?
Mi rammento il pensiero dell'ideatore del motore omonimo, Rudolf Diesel[78] che sosteneva l'immortalità dell'anima che un giorno verrà spiegata con le leggi naturali. Egli enunciava che[79]:

«...*come la legge naturale opera senza considerazione della persona, così anche l'amore dell'uomo, se deve essere efficace; poiché tutti siamo soggetti alla legge dobbiamo applicarla in favore di tutti.*

La legge dispensa a tutti i suoi benefici; nessuno ha il diritto di volgerla in favore dei singoli a spese dei rimanenti. Gesù predicò l'amore degli uomini come un comandamento divino e non lo considerò come una conseguenza ferrea della legge di natura.

---

[77] Religione nazionale giapponese che prese il nome di *shinto* quando, a partire dal sec. VI, il Giappone si aprì completamente alla cultura cinese. Lo stesso termine *shinto* deriva da un'espressione cinese coniata per distinguere la "dottrina" buddhista, o "via del Buddha" (giapp. *Butsu-do*), dalla credenza negli spiriti (cin. *shen*), donde *shin-to* (col significato di "via degli spiriti").
[78] Rodolphe Chrétien Charles Diesel, nacque18-Marzo-1858 a Rue Notre-Dame de Nazareth n° 38 a Parigi. Annegato per cause incerte, nella Manica durante il viaggio a bordo del vapore Dresden, diretto ad Harwich, il 29 Settembre1913.
[79] Tratto dal testo: "Diesel l'uomo-l'opera- il destino" *Eugen diesel Einaudi 1946, pagg. 384-385.*

Se l'amore per gli uomini viene riconosciuto come tale, allora l'umanità riconoscerà anche che esso è un comandamento della natura e solo il seguirlo può far felici i singoli, in quanto farà felice la generalità degli uomini...Nel cristianesimo il comandamento di amare il prossimo è solo teorico, per paura della punizione, per la speranza di una ricompensa dopo la morte.

La religione naturale fa il passo decisivo verso un amore "operoso" non per il timore della punizione, o per la speranza di una ricompensa, ma perché riconosce che solamente l'amore può rendere felice il singolo rendendo felice la totalità.

La religione naturale conduce perciò all'organizzazione naturale dell'umanità».

Come possiamo constatare tutti, Egli similmente riassume il concetto espresso da Gesù Cristo per parola di Tomaso!

Aggiungo che da quanto m'è accaduto, ipotizzo che tutti i Messaggeri o Messia di tutta la terra, furono esseri dotati dello stesso *codice genetico* che permetteva anche a molti altri esseri, di attingere al *pozzo* della Sapienza Universale e quindi da lì, poterla trasferire ai viventi in questo Pianeta!

Ritorna spontanea la domanda di poco fa: perché il Messia non parla di resurrezione in quelle sue Parole nei vangeli gnostici per bocca di Tommaso?

È un quesito pungente come il calabrone!

Lui asserisce che ogni uomo aspira all'eternità, ma da come s'esprime, Egli sostiene che essa non appartiene alla materia, bensì al ricongiungimento dello Spirito all'Origine.

In tutto ciò la materia non c'entra assolutamente perché appartiene a questa dimensione, ovvero all'universo di cui siamo parte integrante.

La materia però permette allo spirito in essa contenuto, di evolversi in questa terra.

...In base a questo presupposto noi siamo guidati dai loro insegnamenti!

La materia però, chiude il suo ciclo nell'equilibrio di questa dimensione e non procede oltre!

Rudolf Diesel espose in modo comprensibile il concetto espresso nei Vangeli Gnostici, pur non conoscendoli affatto, perché in quel tempo non erano ancora stati ritrovati.

Però... è certo che vi siano altre dimensioni alle quali noi terreni non siamo in grado di accedere in alcun modo?

La presenza della "Memoria Cosmica" quale *pozzo di sapienza universale* non è forse irraggiungibile dai nostri sensi elementari?

Ed ancora, la materializzazione dei cerchi e delle apparizioni UFO non sono originate da *entità* a noi sconosciute ed inafferrabili?

Ci poniamo molte domande dove ognuno di noi potrebbe rispondere a suo modo, in funzione degli insegnamenti ricevuti!

Anch'io ammetto che in questo *magma* di misteri potrebbero esservi apparizioni dovute al *trapasso* dimensionale. Questo sarebbe possibile a civiltà d'altri mondi, assai evolute e capaci di utilizzare il "cono cosmico[80]" per azzerare la teoria della relatività?

In questo caso non si tratterebbe più di spostare le *masse* secondo la legge della relatività di Einstein, in quanto non vi sarebbero masse in gioco, ma solo le *forze* dell'Origine, dalle quali dipenderebbero tutte le leggi che governano l'universo visibile ed invisibile.

Sostengo forse che i messaggeri giungono dalla sapienza delle *Origini*?

Sarebbero discesi nella materia ed hanno istruito l'uomo nei millenni, impartendo insegnamenti che erano sempre riconducibili ad un'unica *Origine*?

Da quella stessa *Origine* sarebbe giunto anche Gesù Cristo? Possiamo immaginare dove finirà il nostro spirito?

Secondo quanto ci balena ai sensi esteriori percepiamo che l'inferno ideale parrebbe essere proprio in questa terra, ad esempio in *Iraq*, dove s'addensano sanguinari invasori provenienti da ogni parte della terra come fu ai tempi delle *Crociate*[81] ad esempio!

---

[80] Si tratta di un modello di calcolo matematico riportato nel 6° libro del Codice. Per simbiosi si veda il *"cono di luce"* pagg. 40-44 «Dal Big Bang ai buchi neri», Stephen Hawking, Biblioteca Universale Rizzoli.

[81] Guerre combattute dai cristiani contro gli infedeli per liberare il sepolcro di Cristo e conquistare la Terra Santa.

Allora dove sarebbe il paradiso?
Le Parole dei Messaggeri c'insegnano che il paradiso è in noi stessi! Ciò accadrebbe se rispettassimo gli insegnamenti *originali*, impartiti nel corso dei millenni e le successive evoluzioni sino al tempo di Maometto?
È probabile e potrebbe essere come sosteneva anche Rudolf Diesel:

«...lo spirito alla morte del corpo, potrà ricongiungersi d'onde era venuto!»

Ma se fosse in altro modo[82], quanti uomini andrebbero in chissà quale *inferno* pur avendo fatto ogni bene al fratello?
Sotto quest'aspetto ci potremmo sentire *scintoisti*[83] e contemporaneamente, in piena risonanza con le Parole che abbiamo or ora letto di Gesù Cristo[84].

Generalità
Il termine compare nel latino medievale a metà del sec. XIII, deriva da "crucesignati" (*croisés*), combattenti sotto l'insegna della croce, e designa le imprese dirette a liberare il Santo Sepolcro dai musulmani indette e benedette dai papi. La c. è in origine un pellegrinaggio armato, dominato dallo spirito religioso; ma nasce già, alla fine del sec. XI, da esigenze profane: sete di nuove terre per l'eccedenza demografica dei Paesi occidentali, spirito d'intraprendenza di mercanti e d'avventura di cavalieri e di plebei. *Tratto da Omnia - © 2001 Istituto Geografico De Agostini.*
[82] Inteso come il *rituale* in uso dalle diverse religiosità della terra.
[83] Per lo shintoismo tutto è divino: si può dire che l'uomo nasce dio.
La sua esperienza religiosa consiste nel prendere coscienza intuitivamente della sua natura divina e della sua affinità con tutti gli esseri. esseri che in quanto dotati di attributi divini vengono designati come kami. Nel periodo del 33.mo Imperatore SUIKO (593-628) quando il Giappone incominciò a costituirsi come nazione e a formare una propria struttura amministrativa nazionale si passò dalla unione di clan all'Impero come istituzione nazionale.
Nel periodo che va dal 38.mo Imperatore TENCI al 40.mo TENMU (661-686) il Giappone si diede un Governo Nazionale. In questo periodo si stabilì uno Shin-to Nazionale con i suoi riti codificati.
...Il tratto seguente si riferisce al quarantesimo sovrano Tenmu, fratello di Tenci (trentottesimo mikado). Il Kogiki non parla di questo sovrano, il Nihonshoki dà le seguenti notizie: «Tenci desiderava lasciare il trono al proprio figlio Kabun (Oh-tomo): Tenmu che era principe ereditario, finse di rinunziare al trono: "Mi farò bonzo per il benessere dell'Imperatore"... Così disse al letto

1.3 Il tempo delle scoperte cosmiche

I miei amici sapevano qualcosa degli studi di quel tempo perché Liliana li aveva vagamente informati.
Lei m'implorava di smettere quelle ricerche perché gli apparivo trasfigurato!
Erano successi fatti inusuali che riguardavano la nostra vita quotidiana e quella della famiglia ed in qualche modo ne furono coinvolti anche gli amici!
Come vi ho già confessato, trascorrevo i giorni festivi e le notti, immerso nei testi d'archeologia, astronomia, fisica, chimica, matematica e religione!
Con quei testi tra le mani sviluppavo il lavoro in grafici, e calcoli che avevano a che fare con l'astronomia e con le Piramidi egizie e non solo!
Perché prendo nuovamente a parlarvi di quel periodo?
Semplicemente perché intendo comunicarvi che fu Liliana a dispormi gli strumenti giorno dopo giorno, tutti gli strumenti indispensabili per svolgere le ricerche!
Lo fece inconsapevolmente non ho dubbi; ma ora so che in tutti i lavori che svolgevo c'era sempre la sua presenza e la sua *guida*!
Quest'aspetto della nostra vita in quel periodo fu fondamentale per l'evolversi delle ricerche.

---

di Tenci. Si rasò e partì per il Yoshino. In quell'occasione vi fu chi disse: *Ora la tigre è in libertà* ». Tenmu, nel suo ritiro, radunò i toneri (vassalli) e rimandò alla capitale coloro che non si sentivano di darsi alla vita buddista. Appena morto Tenci, Tenmu si affrettò verso Iga, ivi vede la nube nera; interpretò subito quel segno in proprio favore. Era buddista, ma durante la battaglia pregava il sole Amaterasu. Dopo la vittoria fece offerte di cavalli e d'armi a vari templi shintoisti... Brani tratti da: *«Fede e Scintoismo» e da «Kogiki Note Critico – Illustrative Alla Prefazione Di Yasumaro. Da libera pubblicazione in Internet.*
[84] Quest'accostamento è forse il più praticato attualmente nella terra e si basa sulla stessa filosofia di principio: Dio è in noi tutti ed in ogni atomo dell'universo, e non deve essere cercato in qualche... *speciale luogo*.

Non vi ho ancora annunciato che l'inizio delle ricerche avvenne in virtù della sua insistenza per farmi incontrare con l'Amico compositore nel suo chiosco dopo quel concerto d'Agosto?
Fu lei ad acquistare in edicola, contro la mia volontà, i fascicoli dell'Atlante[85] nel quale v'era la *fatidica* tavola 23 dell'Asia Anteriore.
Quella cartografia di cui avete già appreso l'esistenza, è in una scala matematica[86] speciale!
Fu per quella singolare dimensione che il 10 Febbraio del 1989 potei avviare i calcoli di cui v'ho accennato poc'anzi.
Se non disponevo di quella precisa *scala* cartografica non sarei stato in grado di risalire al rapporto di conversione dei parametri del Sistema Solare e di una parte dell'universo noto.
Nulla si sarebbe incamminato, se lei non m'avesse *guidato* portandomi in un tempo successivo nell'isola di Malta!
Infatti non conoscevo assolutamente nulla in merito alla preistoria di quell'isola.
Vi state domandando perché ero avverso a quanto mi stava accadendo?
Sicuramente perché non fu un'iniziativa originata dalla mia volontà e l'istinto mi spingeva a rifiutare certi... *incomprensibili aiuti* !
Mi chiedo chi o che cosa mi spinse a suonare i diversi brani musicali da me stesso composti senza studio?
Da dove mi giunse lo *strumento* per suonare pur non conoscendo la musica?
A quali partiture mi riferivo per eseguire i lunghi brani[87] di musica *ispirata*?
Come fu possibile tutto ciò?
Vi aggiorno su quest'aspetto che permeò le ricerche, perchè potrebbe essere una delle tante prove a sostegno dell'interpretazione che potremmo trarre dalle meccaniche che animarono il lavoro d'elaborazione delle *rivelazioni* in seguito materializzatesi!
Durante l'esecuzione delle sonate, il pensiero mi guidava le mani muovendole ripetutamente e costantemente a volte per molti giorni, sul medesimo ritmo e melodia.

---

[85] Il "Grande Atlante Geografico De Agostani" Istituto Geografico De Agostini Novara
[86] Esattamente: 1/12.000.000
[87] Durante tutto l'arco delle ricerche eseguii e registrai musica ispirata per circa 13 ore d'ascolto.

Mi accadeva sempre che, dopo averle registrate come per magia, non sentissi più la necessità di risuonarle!
Vi devo affermare che non avevo mai suonato prima d'allora quelle melodie, se non alcune semplici musiche popolari in tre quarti con mio padre, il cugino e l'anziano vicino di casa, in alcune serate d'inverno del venerdì sera, prima di coricarci!

Appaio forse come un essere *diverso*, in questa vita quotidiana di tutti i giorni?

È inspiegabile il mio *codice esistenziale*?

Da dove e come mi sono giunti i... *mezzi* per suonare?
A questo punto della narrazione avrete già elaborato un vostro personale primo quadro d'insieme di come si svolsero i fatti, vero?
Vi giunge al pensiero che noi in determinate circostanze attingiamo in altre *dimensioni* senza volerlo e senza che ne comprendiamo il meccanismo?

Tutto ciò ed altro che vi narrerò fa parte di quanto m'accadde in quel tempo.

Scoprirete che il volto dell'alieno che disegnai radiestesicamente nei primi anni 70 si ricongiunge alla perfezione matematica[88] con i principali riferimenti della "Chiusura Cosmica".

Quest'esempio e molti altri che v'illustrerò, dimostrano che il nostro subconscio entra in *unione*, con altre *dimensioni* dalle quali riceviamo le *istruzioni* in tempo reale per delimitare esattamente l'esecuzione artistica sia nella forma e nelle dimensioni della figura e sia nell'eseguire armonie musicali od opere architettoniche e scultorie.
Tutto ciò ci può confondere terribilmente?
Ritengo di sì, perché pragmatismo e mistero si fondono in un turbinio da capogiro!
Ok, va bene Amici! Accetto questa ennesima dimostrazione tangibile che ci giunge dall'analisi delle diverse opere artistiche, ma tutto ciò s'esprime nella naturale difficoltà ad assimilare il *piatto indigesto!*

---

[88] Quest'esempio e molti altri che troverete nel disco digitale, dimostrerebbero che il limite geometrico da me realizzato in quelle figure, è in perfetta relazione con il nostro Sistema Solare convertito tramite i codici delle grandi piramidi. Sostengo che al pari, è accaduto ai nostri lontani predecessori artisti e Architetti, delle epoche che si perdono nella notte dei tempi.

Anch'io sono un comune uomo di questa terra e soffro terribilmente dei vostri stessi dubbi!
Per questa ragione non v'è nulla ch'io abbia fatto, sentenziandone una qualsiasi sorta d'imperscrutabile esattezza.
Dispongo però, di molteplici riscontri matematici e fisici che dimostrano questa nuova *verità* cioè, la possibile connessione inconscia tra noi terrestri e le altre *dimensioni* Cosmiche.
In quel periodo ero aspro!
Una sera mi accadde che ad una festa con molti amici implorai ad alta voce di spegnere una certa musica *New Age* che veniva proposta insistentemente al nostro ascolto da un amico!
Oh...oh!... che cosa mi stava succedendo?
Perché provavo tanta irascibilità per quella musica?
Ora credo che quella musica mi urtò perchè dissimulava uno spiritualismo *compiacente* e ciò mi turbò profondamente.

In quel periodo nel quale ero sconvolto dagli studi e dalla creazione di quelle melodie con sonorità mistiche, non␣tolleravo la *menzogna*!

Anche la musica svolge un importante ruolo in noi e non deve ammorbarci l'animo, non lo credete anche voi? Ricordate l'insegnamento del Buddha che vi ho illustrato nella nota in precedenza a tal proposito?

Ma ora è bene che riprenda ad illustrarvi le fasi dell'evoluzione di quelle ricerche, siete d'accordo con me?
Se ci scopriamo in sintonia, stando tutti in amicizia forse riuscirò a dirvelo!

Ad esempio, la lettera che ho iniziato prima che si parlasse della questione dei *cerchi* nel campo di grano, è forse parte integrante di quanto vi ho detto poc'anzi al riguardo delle ricerche?
Sì Amici! È proprio così: quella lettera segnò l'inizio di un lungo ciclo d'eventi che si susseguirono in modo sempre più frenetico e vorticoso, sino alla loro conclusione un decennio dopo!

Tutte le *rivelazioni* si espansero in sequenza temporale, e ad ogni *palesamento* seguiva il libro scritto in forma epistolare che inviavo in copia all'Amico, scandendo in questo modo gli eventi, in guisa lampante ed inopinabile nello stesso tempo!

Ogni libro era accompagnato da svariati brani sinfonici, a volte per pianoforte oppure clavicembalo od organo, chitarra classica, sintetizzatore elettronico ed altri ancora di origini ignote.

In particolare mi riferisco ad uno strumento da me costruito ricavandolo su una figura ripescata per caso in un'enciclopedia. Quello strumento acustico[89], usato dai sacerdoti indigeni di certe tribù africane in riti[90] propiziatori, ha un'origine che si perde nella notte dei tempi.

Uh! tutto questo ci pare fantastico, immateriale?

Tutto ciò conferma che quella corrispondenza che inviavo al mio Amico, era proprio alla base del nostro legame arcano?

Mi era stato concesso di squarciare il velo perché conoscevo un uomo al quale *svelare* le mie scoperte?

Forse senza quella presenza non mi sarei inoltrato in questo viaggio cosmico!

Penso proprio che sia così, oggi ho la conferma di quanto vi dico Amici, perché come tutti voi potrete ora constatare, questo legame fu il motore portante della mia ricerca.

Mi rivolgo a voi e domando: sto forse sentenziando d'aver scoperto un gran segreto tramandato nei millenni senza spiegarvi di che cosa si tratti in concreto?

Vi riporto le *Scritture* senza spiegarvene la ragione? Quanto vi sto dicendo è affascinante ma anche lacunoso?

Ok Amici! Avete ragione; ma vi dovete immedesimare in me, m'è occorso più di un decennio per assimilare ciò che m'apparve ai sensi esteriori.

Adesso ve lo potrò tramandare in una manciata di parole?

Le frasi religiose che vi ho riportato, seppur nella loro frequente *contraddizione[91]*, ci trasmettono precisi messaggi.

---

[89] Si tratta di una lamina d'osso a forma di pesce piuttosto sottile, che porta all'estremità più rastremata, una funicella lunga uno, due metri. Quando è fatta roteare nella lunghezza della fune trattenuta dalla mano, questa si carica come una molla e successivamente scaricandosi violentemente pone in rapidissima rotazione la lamina d'osso emettendo un suono conturbante, simile ad un inquietante turbinio di venti in una notte burrascosa.

[90] Pena la morte, per coloro che erano colti a scrutare il sacerdote durante la cerimonia condotta dal sacerdote.

[91] Da qui l'origine dei dissidi religiosi nel nostro Pianeta?

Oggi siamo in parte in grado di decifrarli in concreto?

Quelle frasi ci riportano all'Unica Origine dell'Universo seppur *comunicata* con metodi e strumenti legati al tempo di riferimento cosmico non più attuali?

Noi siamo persone semplici e riusciamo a malapena a seguire la cronaca quotidiana, figuriamoci come ci sconvolge sentire argomenti che s'incatenano tra loro nell'arco di millenni o forse di milioni d'anni!

Però vi confesso che la questione potrebbe incuriosirci e farò il possibile per esprimervi il seguito di quanto vi ho appena anticipato.

2 «La festa delle fragole»

- Il quadro.

Ritorno indietro nel tempo, prima di quei giorni magici e mi ricordo che si stava avvicinando la stagione delle vacanze estive ed una sera Liliana mi disse che si festeggiava la *festa delle fragole* nella casa di campagna dei miei amici Idrio e Diomira.

Quanto accadde in quella circostanza, non lo scorderò per tutta la vita: è un ricordo drammatico che si ricollega proprio a quel giorno di festa e che mi torna alla mente ancor oggi.

«...Era il mese di Giugno d'alcuni anni or sono ed in un piccolo paesino disperso tra le campagne delle Langhe fu organizzata la festa delle fragole.
Idrio e Diomira avevano predisposto nel loro cascinale di campagna un pranzo del tipo: ognuno porti del suo.

Sono ancor oggi una coppia azzeccata! Entrambe d'origine maremmana, tra loro v'è sempre stata piena intesa.

Lui è diplomato in economia agraria e occupa un posto di responsabilità presso il Consorzio provinciale. E' anche socio in una cooperativa di viticultori, mentre lei si dedica essenzialmente all'economia ed alla conduzione delle faccende domestiche.

Le loro passioni principali si esprimono nella cura per il loro bosco di castagni, la coltivazione d'ortaggi nelle serre della casa di campagna, l'enologia ed infine nel dare feste con gli amici.

In quel piccolo paesello di campagna la ricorrenza della festa era molto attesa perché la coltivazione delle fragole per la comunità di quelle terre, era ed è tutt'ora, un'attività economica molto importante.

Per questo motivo, tutti i villici della campagna circostante giunsero con i loro carri ricolmi di ceste di vimini, di profumatissime fragole.

Quasi come se si trattasse di un rito propiziatorio per esorcizzare l'abbondanza del prossimo raccolto, ogni anno il paese imbandiva le sue carrarecce con festoni multicolori, ghirlande e variopinte bancarelle per la vendita delle fragole.

Molti amici invitati quella Domenica da Idrio e Diomira, giunsero dalla provincia di Vercelli.

Rammento che in quella provincia v'erano un tempo[92], molte fabbriche specializzate nella tintura e tessitura delle lane e si creavano con arte tessuti stupendi che abili sarti, trasformavano in abiti d'insuperabile bellezza.

La mattinata era soleggiata, soffiava una piacevole brezza tiepida tra i castagni e gli abeti del piccolo bosco circostante e la lunga tavola era imbandita per il pranzo!

Si aspettava che le campane suonassero il mezzodì giù nella chiesetta del borgo e che ritornassero i ragazzi che erano andati alla messa.

Per i commensali più piccini fu apparecchiata una tavolata in miniatura con i seggiolini adatti alla loro cucciola statura!

Idrio e Diomira erano visibilmente felici e commossi di essere circondati da tanti cari amici tutti raccolti intorno a loro.

Tra una faccenda e l'altra, Diomira tenendo tra le mani un tovagliolo ed una bottiglia di vino, si avvicinò e mi chiese:

«...Questa festa sarà un bel ricordo per tutti: vero Etrusco[93]? Ma ora perdonami se abuso di questa circostanza per chiederti un tuo contributo particolare!»

«Si, dimmi Diomira». Gli risposi.

«Idrio ed io, aspireremmo immortalare questa giornata con un tuo quadro che la ricordi per sempre!

I nostri figli: Silvio e Chiara, quando saranno adulti vedendo il quadro potranno ritornare con il pensiero per un attimo in questo giorno di felicità per loro e per tutti noi!»

---

[92] Negli ultimi due decenni, la concorrenza dell'Asia orientale, ha pesantemente influito su quel settore produttivo ed oggi, quell'area industriale s'è sensibilmente rimpicciolita.

[93] Questo era il soprannome appioppatomi dagli amici del tempo.

Silvio appena dodicenne era un fanciullo sensibile dotato di notevole intelligenza che si esprimeva in ottimi risultati anche a scuola. Chiara già diciottenne, frequentava il liceo classico. Coltivava l'ambiente parrocchiale e con il suo amico prediletto Egidio, erano gli animatori preferiti dai giovanissimi per le adunate festive del boy scout.

Rimasi lusingato da quel loro apprezzamento! «Statene certi» gli risposi,
«coglierò il tempo per dipingervi un quadro che ricordi questo giorno!».

Qualche tempo dopo, il quadro tanto atteso finemente incorniciato, fu finalmente esposto nel salotto della loro casa in città.

Ma purtroppo non trascorsero molti giorni che si attuò sul piccolo Silvio, un tremendo destino!
La sua anima pura, fu richiamata prematuramente, d'onde era venuta!

....In un oscuro giorno, fu un attimo: s'udì uno stridore di freni seguito da un tonfo al suolo agghiacciante! Alcuni giorni dopo i suoi occhi di fanciullo si spegnevano tra le braccia disperate di Idrio e Diomira.
In quel quadro le immagini poste in primo piano, erano dipinte in trasparenza di una grande fragola e proprio in quella trasparenza il piccolo Silvio, vi compariva con gli altri bambini raccolti nella loro speciale piccola tavolata!...

Qualche tempo dopo, mi ritrovai innanzi al cavalletto a dipingere il suo volto candido:... il ricordo di un Angelo!...»

Vi ho raccontato quest'evento perché quel ricordo da allora, non mi ha più abbandonato e nei momenti di riflessione mi tornava spesso alla mente il suo sguardo gioioso!

2.1 L'energia e la vita in questa terra.

V'è ancora un'altra parentesi importante della mia vita, intimamente connessa con il tempo delle ricerche.
Di questa parentesi vi darò un breve accenno perché si ricollega in una certa misura, anche al concetto di conservazione della futura specie umana:

Si trattava della tecnologia per produrre energia elettrica in *cogenerazione*[94] per limitare l'inquinamento ambientale da Anidride Carbonica.

La vita futura nel nostro pianeta, come tutti oggi sappiamo, dipende anche dal rispetto degli equilibri naturali.

Gli impianti energetici in *cogenerazione*, furono montati in via sperimentale in alcune fabbriche, proprio in quel periodo dove iniziò questo mio lungo percorso di ricerca cosmica.

Quella tecnologia, che ha come principale scopo, il notevole risparmio di petrolio e per diretto beneficio, la riduzione dell'inquinamento atmosferico da *anidride carbonica,* fu parte integrante proprio della mia vita professionale.

Quella tecnologia riduceva di conseguenza l'effetto serra che è il dramma ambientale contemporaneo e conseguentemente, riduceva anche il rischio di cancro dovuto al nuclide di *carbonio 14* nell'uomo!

Dalla scienza sappiamo che l'isotopo radioattivo *carbonio 14*, si forma di continuo per l'impatto di particelle presenti nei raggi cosmici sugli atomi d'azoto della nostra atmosfera.

Per questa ragione vi sono sempre tracce di *carbonio 14*, che sono continuamente incorporate nell'anidride carbonica dell'atmosfera.

Il guaio consiste nel fatto che tale nuclide, essendo presente nell'*anidride carbonica*, è inglobato nei tessuti vegetali da cui passa in quelli animali e anche nei nostri corpi.

Per questa ragione si può sostenere che il *carbonio 14* è l'atomo *radioattivo* più importante che si trovi naturalmente nel corpo umano, ma deve essere contenuto, entro i limiti biologici naturali.

È quindi altresì necessario, non superare la sua soglia di presenza nel sangue, per evitare il rischio di leucemia; questa possibilità fu segnalata dal biochimico russo americano Isaac Asimov già nel 1955.

---

[94] Sistema tecnologico, costituito da un motore primo ed un generatore elettrico. Il sistema è capace di recuperare, contemporaneamente alla produzione d'energia elettrica, il calore di scarto del motore. Questa tecnologia consente un risparmio di combustibile di oltre il 40% e conseguentemente d'anidride carbonica che è responsabile dell'effetto serra.

In alcune aree delle nostre metropoli moderne, vi sono percentuali di mortalità giovanile per leucemia, del tutto anomale ed apparentemente inspiegabili.
Nella pratica vi può essere proprio il concorso di questo *diabolico* nuclide che uccide senza farsi notare?

La mortalità tende ad incrementarsi e per il momento, le istituzioni preposte al controllo delle emissioni ambientali non operano in *sintonia* con l'aggravarsi, di questa tragedia metropolitana e non solo.

In quegli anni[95] furono realizzati svariati progetti finanziati in parte da Enti statali, per sperimentare nella realtà quotidiana, i reali vantaggi ricavabili da quella tecnologia innovativa per contenere l'emissione *d'Anidride Carbonica*.

Furono anche inviate le informazioni su quella tecnologia, alle *Autorità* competenti.
Ma non giunse mai alcuna risposta in merito. La tecnologia per risparmiare petrolio e quindi, per diminuire l'avvelenamento atmosferico da *Anidride Carbonica*, non poté quindi svilupparsi.

I percorsi dell'industrializzazione della tecnologia furono ingombrati da ostacoli di varia natura, eppure già allora era data per scontata la drammatica crescita dell'effetto serra.

Per far un parallelo con il nucleare, ricordiamo tutti le raccomandazioni degli scienziati capeggiati dal premio Nobel James Frank che fecero una petizione al ministero della guerra, contro l'uso della bomba nucleare sulle città giapponesi; ma l'ordine di compiere l'esplosione, giunse imperterrito al suo pieno compimento.

Ritornando al nostro argomento, inviai una missiva agli *Enti* competenti il 29 Marzo 1988 esprimendo quanto stava accadendo nella realtà di tutti i giorni, pressappoco così:

«....Nel momento stesso in cui negli ambienti scientifici fu stabilito che quella del risparmio energetico doveva essere la nuova via da percorrere, ebbe inizio un reale quanto paradossale ciclo involutivo.

---

[95] Erano gli anni 80, ma le iniziative a favore della cogenerazione per le industrie, si spensero definitivamente nei primi anni 90.

Di fatto, furono adottati principalmente gli interventi di bonifica delle strutture esistenti od imposto l'utilizzo di materiali isolanti nelle nuove costruzioni, o nei nuovi impianti.

Furono invece frenate le iniziative per sviluppare la cogenerazione per le fabbriche e per i complessi residenziali o alberghieri...»

Ricordo ancor oggi come in quel giorno di mezzo Ottobre, nel non troppo lontano 1979, nei corridoi della sala convegni di un lussuoso albergo del Sud, risuonò perentoria la parola d'ordine data da un alto funzionario dell'*Ente per l'energia elettrica* ai suoi collaboratori:

«...*In questa sede non deve essere pronunciato il termine cogenerazione!..*»

Ed il bello era che proprio quella, era la sede nella quale si teneva un convegno internazionale sul risparmio energetico nel settore alberghiero e sui sistemi per ottenerlo.

In compenso furono proposte soluzioni *utopistiche* costose ed inattuabili, da non potersi tradurre assolutamente in alcuna realtà costruttiva.

Oggi siamo tutti coscienti che la negazione di questo percorso, ha condotto il nostro paese in serie difficoltà energetiche ed ambientali.

Si sta verificando una situazione esplosiva, ove gli equilibri sono drasticamente sconvolti a danno della salute della collettività.

I gruppi di ricerca nel settore delle energie alternative, aggregatisi in quegli anni, non ottennero alcun ulteriore sostegno da parte degli *Enti* di stato interessati alla produzione d'energia.

Fu così che i ricercatori, dovettero ben presto rinunciare al programma!

Furono definitivamente smembrati i gruppi di lavoro e l'industria, ritornò sui vecchi programmi produttivi e sulla speculazione finanziaria fine a se stessa.

Restano in vita solo alcuni impianti di *teleriscaldamento* cittadino alcuni dei quali, erano già in via di realizzazione in quegli anni.

Adesso è costantemente colpito il... *centro vitale*[96] dell'economia del paese!
Ne va quindi della salute di tutti noi?
Oggi siamo coscienti che il problema energetico ed ambientale mondiale non sono assolutamente risolti, ma ormai potrebbe essere troppo tardi per porvi rimedio dall'umanità che affolla le metropoli in quest'inizio della nuova *Era*?

Si tratta solo di ricordi della mia vita che mi sono rimbalzati alla memoria, oppure il non rispetto dell'ambiente è un potenziale *strumento* d'autodistruzione delle future generazioni?

V'è un parallelismo di percorsi tra quanto detto prima, con il rischio d'estinzione della razza umana nell'*Era* in cui siamo appena entrati?

2.2 Il «buco» stratosferico.

Già sapete che io sostengo la presenza della *Memoria Cosmica*, l'Archivio della *Sapienza Universale* alla quale è stato dato di attingere nei millenni, agli uomini *Illuminati* .
Dai calcoli è, che ciò avverrebbe sin da almeno 157 milioni d'anni, ben al di là quindi di ogni teoria *Darwiniana* ?
Come possiamo proiettare tanto lontano nel tempo l'avvento dell'homo sapiens?
Non risulta nulla del genere negli annali della scienza classica!
Sì Amici! Ma noi disponiamo di reperti incompleti sulla nostra presenza remota e non solo!
In alcuni casi non s'è fatta alcuna menzione di certi ritrovamenti d'ominidi tra i quali ad esempio quello del Baccinello[97] risalenti almeno a 10, 12 milioni d'anni fa!

---

[96] In molte città i casi di leucemia sono in rapido incremento. Nelle popolazioni urbane l'aria è sostanzialmente inquinata da idrocarburi incombusti, ossidi d'azoto, particolati carboniosi ed anidride carbonica che indirettamente, è responsabile dell'aumento del *carbonio 14* nell'organismo.
[97] «...La mattina del 2 agosto 1958, nella miniera di Baccinello, alla profondità di 210 metri, sotto il suolo, fu scoperto un intero scheletro fossilizzato. Il paleontologo prof. Huerzeler di Basilea, che dal 1956 presiede a questi scavi, identificò nell'importante reperto un esemplare d'ominide o, meglio, d'oreopiteco (scimmia delle colline), risalente a circa 12 milioni d'anni fa (èra

Di questo ritrovamento in una miniera di carbone in maremma vi racconterò più avanti!
Che cosa nasconderebbe questa scoperta rimasta celata per tanti anni?
ad esempio la possibilità che:

«...l'uomo non sia disceso nello spirito dall'animale, pur se la biologia e la struttura corporea possono avere tra loro molteplici affinità...»

Affermo forse che tali affinità riguardano solo ed unicamente la struttura biologica che costituisce l'uomo?
Ritengo che quando gli imponenti dinosauri facevano vibrare la Terra al loro passo l'uomo *Illuminato* già esisteva ed era nella *Somma Sapienza* proveniente dalla *Memoria Cosmica*?
Non v'è alcuna prova a sostegno della mia ipotesi!
Come posso supportarla?
Tutta questa sequenza d'argomenti avvolti da un'aura di profondo enigma, quale significato racchiudono secondo quanto abbiamo appreso dallo studio degli antichi reperti protostorici?
Abbiamo ancora difficoltà ad individuarne che lo svolgimento di ciò che m'è stato rivelato non è d'origine *terrestre*?
Non potrò asserire il contrario Amici, ma gli antichi egizi, i Sacerdoti e i Faraoni non erano *alieni*!
Loro erano saldamente ancorati alla *sabbia* d'Egitto ed alle regole della gravità terrestre!
Certamente oggi siamo in buona misura concordi su questo, però a loro chi trasferì le informazioni cosmiche a cui alludo nelle mie ricerche?
Si tratta di una sorta di collegamento *extrasensoriale* che avviene da milioni d'anni tra certi uomini con la dimensione che io chiamo "Memoria Cosmica"?
Ma è opportuno che proceda per gradi successivi ad illustrarvi il significato di quei fatti arcaici e come loro siano ricollegabili ai risultati della scoperta.

---

terziaria)...» Tratto da: «*Castell'Azzara e il suo territorio*», Memorie Storiche. Società Storica Maremmana, Cantagalli-Siena, *1967*.

Intendo dirvi tutto su ciò che mi è accaduto in quegli anni, e quindi, farò costante riferimento alla corrispondenza epistolare intercorsa tra me e l'Amico compositore.

Come già sapete ebbe il ruolo di recettore del lavoro, infatti, grazie alla sua presenza non mi avvertivo isolato ed ho potuto trasferire tutti gli elaborati in perfetta copia.

In questo modo, si sono create due copie integrali della documentazione, e moralmente mi sento appagato anche se scoprissi che i manoscritti originali non gli vennero recapitati tutti.

Avete compreso che tutto quanto è accaduto ve lo sto illustrando passo dopo passo?

Lo studio potrà così essere diffuso e diventare di pubblico dominio, senza correre il rischio d'essere censurato nei suoi contenuti.

Chi avrebbe interesse ad intervenire per trasformare il contenuto su questa scoperta?

Ad esempio coloro che utilizzano da secoli le *Parole* dei *diversi Messia* mutandone la forma, principalmente per sostenere un potere temporale!

Ma è opportuno che prosegua con la lettura di quella prima missiva perché ci permette di sapere come s'intrecciarono le rivelazioni degli studi!

Dunque...dove eravamo rimasti in quella prima lettera del *5 Ottobre 1987*?

A sì, allo squarcio sulla stratosfera terrestre:

«...oggi un grande "buco" s'è formato nella stratosfera terrestre e questo squarcio, sovrasta l'Antartide. Lassù v'è un gas chiamato ozono e da quell'altezza quel gas svolge il compito di protettore degli esseri viventi sulla terra. Ci protegge dai raggi cosmici che possiedono molte radiazioni letali.

La rottura dello schermo protettivo d'Ozono, ci insegnano gli scienziati, è stata generata a causa delle emissioni gassose prodotte dalle nostre attività industriali, ad esempio:
- dal gas contenuto nelle bombolette spray,
- dal gas usato per riempire il circuito di raffreddamento dei frigoriferi,
- dall'anidride carbonica prodotta dai combustibili fossili e:

- dal metano incombusto, o proveniente dai liquami del bestiame allevato in cattività, o da fuoriuscite spontanee dal suolo e dal mare.

Il mutamento nella stratosfera si è formato principalmente per opera delle emissioni prodotte dalla nostra barbara era del consumismo forzato.

...Noi popoli industrializzati non siamo stati in grado di contenere in tempi ragionevoli questo disastro ambientale!

Ciò che la scienza tecnologica ci dispensa, lo utilizziamo senza averne consapevolezza e senza conoscerne gli effetti secondari che derivano dai consumi energetici incontrollati!

Se quel gran buco si sposterà in aree intensamente abitate, sarà certo l'inizio di un drammatico esodo d'intere popolazioni: arriverà la rivoluzione; ma sarà una strana rivoluzione senza i rivoluzionari.

A farla saranno le radiazioni cosmiche che bruceranno tutto ciò che vive in superficie!

E dovremo fuggire! Ma vi sarà un luogo ove trovar riparo?

Sarà una rivoluzione solare e d'onde elettromagnetiche ad alta frequenza, o delle acque della terra che modificheranno il loro corso o del nuclide del radio 14.

Questa catastrofe sarà stata provocata principalmente da quei popoli della terra, divoratori d'energia che incedono senza rispetto nei confronti del resto del mondo!

Sono quelle popolazioni opulente, non curanti delle possibili conseguenze letali per il prossimo futuro della terra. Prima o poi, dovranno render conto del loro operato di fronte all'umanità futura.

Anche gli alberi stanno soffrendo in quest'aria carica di veleni ed anche gli alberi, si stanno ribellando all'uomo e la loro morte sarà in vero una vendetta tremenda per l'uomo..».

Mi state chiedendo perché in queste frasi della lettera, sono tanto catastrofico?

Che cos'intendo dimostrare con quest'orrendo scenario che vi prospetto a piè sospinto?

Tutti noi crediamo che la natura possieda le forze spontanee per difendersi dagli eccessi e quindi, alla fine, l'uomo comprenderà come gestire la propria conoscenza tecnologica.

Non sarà forse così?

Certo, ma noi uomini siamo lenti a rinunciare al nostro *ventre*, invece, dobbiamo comprendere al più presto qual é la responsabilità che c'è stata affidata in questo pianeta!
Il tempo sfugge ed ora corriamo il serio rischio di essere in ritardo!
Altre popolazioni dell'oriente asiatico, stanno industrializzandosi a dismisura e reclameranno gli stessi diritti energetici goduti dagli opulenti popoli occidentali.
Con questa concezione che esprimo si può temere il peggio?
Che cosa intendo dire Amici?
Intendo che il loro consumo energetico, potrebbe salire alle stelle trascinando il mondo intero in un oscuro futuro!
Noi occidentali, saremo in grado di evitare tutto ciò?
Quanto sta accadendo è principalmente il frutto di un'infinità di *messaggi devianti, infusi* nei popoli nei secoli.
Oh! Il focolaio pare sia proprio nell'Asia Anteriore, e potrebbe innescare ed avviare il destino del tempo futuro.
Al centro della "Chiusura Cosmica" come ormai sapete, v'è il «Polo Cosmico», che s'interseca con il *Tropico del Cancro*» ed è collocato al centro di quelle terre Arabe!

2.3 Il sogno di Daniele e la bestemmia contro lo Spirito Santo.

Ora procedo nella lettura di chi ci ha preceduto svariati millenni or sono.
V'illustro come tremila anni fa i nostri predecessori restituivano le loro visioni notturne, *i loro sogni,* e scoprirete che le mie parole, non sono poi così catastrofiche come pare a primo acchito!
Dall'Antico testamento in Daniele, in *Visioni profetiche*, si legge:

... Visione delle quattro bestie.

«...Nell'anno primo di Baldassarre, re di Babilonia, Daniele, mentre era sul suo letto, ebbe un sogno e si presentarono al suo spirito delle visioni. Allora egli scrisse il sogno.
Inizio della relazione.
Daniele disse: Io miravo delle visioni durante la notte.

Ecco, i quattro venti del cielo sconvolgevano il mare grande. E quattro bestie enormi diverse una dall'altra; salivano dal mare.
La prima era simile a un leone, che aveva ali d'aquila. Io stavo a guardare, quand'ecco le vennero tolte le ali, fu sollevata da terra e fatta rizzare sui piedi come un uomo, e le fu dato un cuore umano.
Dopo questa ecco un'altra bestia, la seconda, simile a un orso: stava eretta su un lato, e aveva tre costole nella gola, fra i denti, e così le si diceva: Su, mangia molta carne.
Poi mentre io stavo guardando, ecco una terza bestia, simile a una pantera: aveva quattro ali d'uccello sul dorso e quattro teste, e le fu dato il potere.
Quindi, mentr'io stavo osservando nelle visioni notturne, ecco una Quarta bestia. terribile, spaventosa e straordinariamente forte.
Aveva, enormi denti di ferro, mangiava e stritolava e poi calpestava coi piedi ciò che restava; era diversa da tutte le bestie, apparse prima di lei, e aveva dieci corna.
Io stavo osservando le corna, quand'ecco in mezzo ad esse spuntò un altro corno, mentre tre delle dieci corna precedenti le furono tolte per dar posto a quello.
Ed ecco, il nuovo corno aveva occhi d'uomo, e una bocca che proferiva parole insolenti.
L'Antico di giorni e il giudizio.
Mentre io stavo osservando, furono disposti dei troni e un Antico di giorni si assise.
Il suo vestito era candido come neve e come lana pura erano i capelli della sua testa il suo trono era di fiamme; con le ruote di fuoco ardente.
Un fiume di fuoco sgorgava e usciva dalla sua presenza. Mille migliaia lo servivano e diecimila decine di migliaia stavano in piedi davanti a lui.
La corte si assise e i libri furono aperti. Io avevo ancora nelle orecchie il frastuono delle insolenze, che quel corno proferiva, ma mentre osservavo, ecco, la bestia fu uccisa ed il suo cadavere fatto a pezzi, poi gettato nel fuoco a bruciare.
Quanto alle altre bestie, vennero private del potere, tuttavia fu lasciato loro un periodo di vita, per un tempo e una data stabilita.
Il Figlio dell'uomo.
Io stavo contemplando nelle visioni notturne:
or, ecco venire sulle nubi del cielo, uno come un Figlio d'Uomo, il quale s'avanzò fino all' Antico di giorni e fu condotto davanti a lui, che gli conferì

potere, maestà e regno, sì che tutti i popoli, le nazioni e le genti di ogni lingua lo servivano.
Il suo potere è un potere eterno, che non passerà, e il suo regno non sarà mai distrutto.
Spiegazione della visione.
Io, Daniele, rimasi profondamente turbato nel mio spirito, perché le visioni che contemplavo, m'incutevano spavento. Allora mi avvicinai a uno di quelli che stavano là, per chiedergli il vero senso di tutto quanto vedevo.
Ed egli mi rispose, dandomi la spiegazione delle visioni: queste bestie enormi, apparse in numero di quattro, sono quattro re, che sorgeranno sulla terra, ma poi riceverà il regno il popolo santo dell'Altissimo e lo possederà per sempre in eterno.
Allora chiesi per conoscere la verità sulla quarta bestia, diversa da tutte le altre, spaventosamente terribile, dai denti di ferro e dagli artigli di rame; che mangiava e stritolava, poi calpestava coi piedi ciò che rimaneva.
Chiesi pure a riguardo delle dieci corna, che stavano sulla sua testa e del corno spuntato, davanti al quale ne erano cadute tre; di quel corno con gli occhi e una bocca, che proferiva grandi insolenze e appariva maggiore delle altre corna.
Avevo poi osservato che quel corno faceva guerra contro il popolo santo e lo vinceva, ma poi venne l'Antico di giorni, e fu resa giustizia al popolo santo dell'Altissimo, e giunse finalmente il tempo in cui i santi presero possesso del regno»...

Che cosa vi sto propinando?
Che cosa significa tutto questo?
Quanto dura ancora questa vicenda onirica incomprensibile?
State calmi Amici, ancora pochi versi ed è finita. Poi vi spiegherò perché ve la sto leggendo...

...«Allora egli mi rispose: La quarta bestia significa che verrà al mondo un quarto regno, diverso da ogni altro, il quale mangerà tutta la terra, la schiaccerà e la stritolerà, Le dieci corna significano: da questo regno spunteranno dieci re, poi sorgerà un altro re dopo di quelli, diverso dai precedenti, che abbatterà tre di loro.
Proferirà parole insolenti contro l'Altissimo, perseguiterà il popolo santo di Dio e cercherà di cambiare tempi e leggi. Il popolo santo verrà dato in suo potere per un tempo, più tempi, e mezzo tempo. Infine avrà luogo il

giudizio: a costui verrà tolto non solo il potere, ma sarà distrutto e annientato per sempre.

Il regno poi, il potere e la grandezza dei regni che si trovano sotto tutti i cieli saranno dati al popolo santo dell'Altissimo, il cui regno sarà eterno e tutti i re lo serviranno e gli staranno soggetti. Qui ha termine la relazione.

Io, Daniele, fui grandemente turbato da questi pensieri e il colore del mio volto si mutò. Ma conservai ogni cosa nel mio cuore...»

Ok è finita! Allora Amici da ciò che avete udito non vi sembra sconvolgente questa visione di Daniele?

Non è forse cento volte più spaventosa delle mie precedenti asserzioni?

Naturalmente quanto vi ho letto potrebbe essere stato scritto con qualche variante a causa della traduzione o della trascrizione avvenuta nel corso dei secoli, ma mi auguro di cuore che la sostanza trasmessa dal messaggio, alla fine, non differisca troppo dalla versione originale del testo!

Ci è parsa estenuante questa lettura?

Io direi di sì!

Però vi confesso che l'interminabile sequenza ed il susseguirsi d'inusitate visioni di molti millenni fa, mi hanno simultaneamente affascinato.

Mi parevano le scenografie di certi film di fantascienza che vediamo in questi anni!

Forse non c'immaginiamo quanto potere esse racchiudano vero?

Quelle poche frasi che sembravano non finire mai, sono solo il 2 per 1000 di quante sono state scritte nella Bibbia!

E se si confrontano quelle parole con quante sono state scritte nei millenni nei diversi testi sacri della terra, allora scopriamo che queste, sono solo 1 parte su 1 milione!

Ora da quest'esempio che vi ho descritto, comprendete il reale peso di quelle *pochissime parole?*

A dire il vero questa scrittura della Bibbia ci sconvolge intensamente, non tanto perché quei versi ci parevano eterni, ma perché non ci rendevamo per nulla conto di questa sproporzione numerica di cui vi ho espresso poc'anzi!

Non avremo mai considerato che quella singola lettura, rappresentasse solo una parte infinitesima di ciò che è stato scritto nell'Antico testamento.
E tutto questo senza prendere in considerazione anche tutti gli altri Testi Sacri, di cui vi ho fatto cenno prima.
È incredibile!
Si comprende che in quelle scritture v'è tutto il potere acquisito nei millenni dal popolo Ebreo e non solo!
V'è anche quello di tutti quei popoli che hanno seguito l'insegnamento dell'Antico Testamento?
Se così è, i popoli dell'Asia orientale non compresi nell'Asia Anteriore, che non conoscono l'insegnamento biblico, su quale *verbo* si sono evoluti?
Forse sui Messaggeri del Buddha di cui vi ho accennato in precedenza?
Tutto ciò ci sta confondendo terribilmente la mente?
In questo momento non m'interrogo oltre e mi chiedo, quanto c'entrino questi...*salmi*...con il mio discorso catastrofico ambientale?
Perché è così difficile ricollegare tra loro questo genere di cose?
Queste frasi indecifrabili hanno condizionato la nostra esistenza d'uomini sulla terra per millenni!
E se fossimo stati istruiti in modo scorretto, da coloro che hanno gestito per secoli il potere religioso, come avremmo oggi la capacità di salvarci nell'oscuro futuro che ci si palesa ai sensi?
Se è vero che gli uomini hanno seguito per millenni quegli insegnamenti, si dovrà forse intendere che quelle frasi dovranno essere ristudiate e *comprese* anche dalla nostra attuale civiltà allo sbando spirituale?
Certi insegnamenti, hanno forse trasmesso alle moltitudini dei popoli che v'è la rinascita nella *materia opulenta*, con un corpo perfettamente *uguale* a quello che abbiamo posseduto in questa vita?
Ok Amici!...con un'*oscura* gestione dei Messaggi dell'Origine, domina il rischio che quelle letture si prestino a troppe interpretazioni di comodo!
Chi disporrà della capacità di guidare l'uomo moderno con proprietà, nel nuovo percorso che ci attende nella nuova *Era*?
Prima vi ricordavo che sin da quelle scritture, era profetizzato l'arrivo del *Regno Eterno*, un regno che non sarebbe più

cambiato nel tempo e che quel regno sarebbe stato governato dal Signore nostro Dio.
Ma di quale *dio* si tratterà?
C'è stato insegnato nei secoli che Gesù Cristo perdona tutti i peccati all'uomo, ma allora perché nelle sue parabole esplicite sulla *bestemmia* contro lo *Spirito Santo*, il Salvatore ci avverte che chi *Lo* bestemmia, non sarà perdonato *né in terra né in cielo?*
In che cosa consiste questo grave peccato di cui ne sentiamo parlare per la prima volta in modo palese?
«Ok...forse ci siamo!
Quell'ultimo e definitivo Dio nostro Signore secondo un'interpretazione plausibile sarebbe Gesù Cristo?
Così ci hanno dichiarato da secoli i teologi per giustificare certe aberranti storie riportate nell'Antico Testamento.
Quelle vicende descritte erano intrise di sangue e distruzione come si sta verificando ad esempio in Sudan od in Iraq od in Ruanda?
Oh!...Quelle strane bestie, quei potenti *re* quei fuochi: oggi ci appaiono come immagini di macchine del nostro mondo contemporaneo!
La *quarta bestia dai denti d'acciaio* potrebbe essere facilmente individuata nella nostra attuale *era* tecnologica e nelle nostre automobili moderne come ne parla anche l'apostolo Giovanni, nella sua non molto intelligibile Apocalisse!
Non intimoritevi Amici, siate sereni! Non vi leggerò di certo l'Apocalisse di Giovanni!
Ma mi affretto a precisarvi:
Oggi è stato difficile per tutti noi seguire il sogno di Daniele e immagino che la lettura di Giovanni ci stordirebbe e non vorremmo più sentir parlare di *Scritture Sacre* per il resto della vostra vita!
Tutti noi oggi sappiamo che:
i sacerdoti,
gli storici e gli studiosi,
ricollegheranno ancora per chissà quanto tempo quelle descrizioni di Daniele o di Giovanni o degli altri profeti, alle questioni di vita di questa o di quella tribù del loro tempo!
Mentre a noi comuni mortali, resterà il dubbio e l'incertezza su quegli oscuri linguaggi e sanguinosi scenari.

Avrete immediatamente recepito da quella breve esposizione di concetti archetipi che queste visioni *apocalittiche* dell'Antico Testamento, sono tutte intrise di guerre, sangue, distruzioni e ricostruzioni in nome di un: ...*dio*...!
Ma a quale *dio* si riferivano quelle parole?
Quale *dio* vorrebbe il sangue dell'uomo che è suo figlio?

A questo punto mi zittisco abbasso la testa ricordando i momenti vissuti nell'esegesi dei testi sacri orientali e nel mio cuore, sento vibrare un forte impulso che si trasforma in pensiero che esprimo fermamente ad alta voce:

No!... non potrà più esistere un *dio* come quello descritto nell'Antico Testamento siatene certi Amici; ho temuto per un attimo che il mio *pensiero* interiore, non si posasse su alcuna verità.

Per un istante ho temuto che si trattasse solo di un'illusione?
Che cosa intendo dire?
Sto stuzzicando dei formicai molto pericolosi?
Forse si, ma v'è in tutti noi una sensazione di profondo smarrimento di fronte alle parole di *violenza divina*!

L'insegnamento di Gesù Cristo e dei *Messaggeri* delle Asie, mi rafforzano la certezza affinché non abbiamo più dubbi: quelle antiche *visioni*, non torneranno più, e così potrebbe essere per molti millenni almeno sin che durerà la nuova *Era* per altri 5800 anni almeno!

Va bene amici, taglierò corto.

In queste letture dell'*Antico Testamento* avrete percepito un messaggio inflessibile, pregno di una durezza sovrumana!

Su questa durezza s'è evoluto il popolo d'Israele che ancora oggi, non ha riconosciuto la *Buona Novella* del *Messaggero Divino* che parlò anche per la nuova *Era* nella quale siamo appena entrati!
Presto vi riporterò alcuni *Messaggi* degli *Illuminati* dell'Asia. Nelle loro parole troverete una sublime serenità e consonanza, che s'armonizza nella stessa *Legge Universale*, predicata da Gesù Cristo e prima di Lui dai *Sapienti* dell'Antico Regno egizio!

Tutti loro vi faranno scordare le nubi minacciose con i *fulmini* e le *saette*!

Allora Amici cosa ne pensate di questa mia proposta?
L'uomo interpretava gli eventi sovrumani in funzione della conoscenza del tempo in cui viveva e ciò accade ancora oggi.

Ciò avviene sin dalla notte dei tempi!
In epoca più recente, cinquecento anni dopo Cristo, Maometto dettava nel II. Capitolo *"La sûra della vacca"* del Corano, questa regola:

«25... I quali violano il patto di Dio dopo la sua conclusione, dividono quanto Dio ha comandato che sia unito e portano la corruzione[98] sulla terra; quelli sono i perditori».

Da queste parole riferite alla corruzione, si comprende che:
Le religioni hanno subito per secoli e secoli la manipolazione astuta dei *farisei*.

Basti pensare che in nome di *dio* non si deve uccidere alcuno e questo, è un dettame riportato in tutti gli insegnamenti di tutti i tempi; mentre mezzo mondo uccide ancora oggi, in nome di un *dio* di propria appartenenza, spesse volte terrificante ed abominevole!

Alla fine stiamo comprendendo che così, come quelle parole erano universali, altrettanto, i *farisei* le utilizzano spietatamente in nome di un potere terreno fine a se stesso.

Quelle parole, delle Antiche Scritture, anche se dure, erano in ogni modo, cariche di Verità Cosmiche ed oggi, devono essere riconosciute nel dominio temporale in cui furono sancite!

È necessario che non siano più travisate per raggirare i popoli: potrebbe essere in questa manipolazione delle parole dell'Origine, la *bestemmia* contro lo Spirito Santo di cui parla Gesù Cristo?

Tutto questo anche Maometto lo definisce... *corruzione!*...

2.4 L'insegnamento di Any e la nuova Era.

---

[98] Sulla base di quanto si evince nella *rivelazione*, emerge che la corruzione è assimilabile alla *Bestemmia contro lo Spirito Santo*. Ciò si può spiegare sostenendo che la corruzione è un'*azione* che tende ad *accecare* la coscienza dell'uomo e quindi la corrispondente evoluzione spirituale. E ciò potrebbe portare anche a cause estreme, quale appunto il rischio d'estinzione della specie umana.

Quelle frasi erano quindi finalizzate in qualunque modo alla visione profetica terminale, quella dell'approdo dei popoli alla nuova *Era*, che confermerà il Messaggero divino in Gesù Cristo.
Forse è questo il Regno Eterno di cui era *informato* Daniele!
Quelle parole racchiudevano il *decadimento* subito dalla civiltà dell'Antico Regno egizio dopo l'invasione degli Hyksos.
Intendo ricordare che era un periodo sconnesso dai messaggi dell'origine!
L'uomo tentava disperatamente di riallacciarvisi?
Sì, secondo quanto emerge dall'analisi dei contenuti, quei messaggi furono trasmessi dagli Egizi del nuovo regno a Mosè, in forma verbale prima dell'uscita dall'Egitto del popolo ebreo, intorno al 1300 avanti Cristo.
Proprio in questo tempo, gli egizi tentavano di risollevarsi dal decadimento morale subito a causa dall'invasione degli Hyksos d'origine Cananea e dalle dinastie del periodo intermedio.
Loro erano entrati ormai nel *nuovo regno* nella XVIII dinastia di Tebe. È esattamente in questo regno che la religiosità si avvicina secondo la *regola* che compare nella Bibbia.
Sergio Donadoni ci aiuta a comprendere questa relazione temporale nella vita religiosa del nuovo regno, in questa sua parte tratta dai *«Testi Religiosi Egizi»*[99].

«*La Pietà*:

I - Dall'«Insegnamento di *Any*»[1]
I [2]
Celebra la festa del tuo Dio, e ripetila al suo tempo.
Si adira il Dio, se la si lascia passare.
Eleva un testimonio quando tu fai l'offerta:
questa è una cosa di prima importanza per colui che la fa...
Canti, genuflessioni ed incensamento sono il suo nutrimento,
il baciar la terra è il suo avere.
Chi fa così, Dio renderà grande il suo nome...

---

[99] *«TESTI RELIGIOSI EGIZI»*, A Cura Di Sergio Donadoni Editori Associati S.p.A. 1970 Utet - !988 TEA

II [3]
Se tu vieni ad una divisione con tuo fratello e il tuo che è in tua mano è un magazzino [4],
il tuo Dio farà che ci sia per te un aumento [dell'eredità (?)] di tuo padre.
Essi (cioè gli dei) sanno se una persona è affamata o sazia nella sua casa, anche se le sue pareti la nascondono.
Non esser scorato:
il tuo Dio ti darà sostanze.

III [5]
Fa' offerta al tuo Dio, e guardati da quel che egli aborre. Non interrogare sulla sua immagine,
non slanciarti su di lui, quando esce in processione, non te gli avvicinar troppo per portarlo.
Non abbassare il suo velo.
Guardati dallo scoprirlo da quel che lo protegge.
Scorga il tuo occhio le sue manifestazioni di collera e bacia la terra in suo nome.
Egli mostra potenza in milioni di aspetti ed innalzato sarà colui che lo innalza.
Quanto al Dio di questo Paese [6], *è il sole* [7] *all'orizzonte. Le sue immagini sono sulla terra.*
Quando gli si dà incenso come suo cibo quotidiano
si ravviva il Signore del Sorgere.

2. III, 3-9.
3. VI, 7-10.
4. Cioè: «*solo* un magazzino».
5. VII, 12-17.
6. L'Egitto.
7. S'u.

Ritrovate in queste frasi una ripetizione di quelle dell'Antico Testamento?
Constatate le analogie serrate?
    Ritornerò a parlarvi dell'importante selezione condotta da Sergio Donadoni perché essa vi trasmetterà molte informazioni essenziali per conoscere l'evoluzione della religiosità, nostra matrice dell'Origine, nella civiltà egizia.

Nel mutamento Cosmico dovuto alla sua espansione, anche gli insegnamenti ai popoli della terra si evolvono ed oggi, bisogna attenersi agli ultimi messaggi trasmessi da Gesù Cristo, e per diretto riflesso bisogna rispettare anche quelli riportati da Maometto nel Corano.

E per chi non li conoscesse ancora, anche quelli dei profeti dell'Asia:

Buddha,
Lao Tzè,
Confucio,
ed i Messaggeri dell'Antico Egitto, vissuti 2700-2400 anni prima di Cristo!

Qual è la connessione filosofica con il contenuto della ricerca?

Facciamo riferimento al discorso sull'inquinamento atmosferico ed alle parole dei Profeti, degli egizi?

Con la tecnologia moderna e le sue dirette conseguenze sull'ambiente i loro insegnamenti quale ruolo avrebbero?

Stiamo raggiungendo un risultato che indica la possibile esistenza di un percorso che unisca lo scibile al trascendente?

Va bene Amici vi chiedo scusa per avervi portato senza preavviso nel Cosmo ove esiste l'*Unità* e non la divisione, come invece è stata *insegnata* all'uomo per molti secoli!

Chi *divide* brama detenere il potere temporale sui popoli, oppure si accanisce contro quelli che adesso definisco gli *insegnamenti dell'Origine, impartiti nel corso dei millenni!*

Nell'unità esiste l'amore ed il rispetto per il compagno della vita; mentre nella divisione, esiste l'accrescimento del potere babilonico caratteristico della nostra civiltà, annegata nell'esigenza di sempre maggiori consumi individuali ed infine energetici.

Questo modello di vita, nel quale non è più riconosciuto *l'uomo* come creatura dell'universo, ci avvia verso il rischio d'estinzione?

Ciò, proprio nel tempo di questa nuova *Era* appena iniziata, ove l'uomo dispone degli strumenti adatti per *auto sopprimersi*?

È probabile tutto ciò, per trovare un'uguaglianza con il disfacimento appena descritto, basta volgere lo sguardo al secolo appena scorso, dove con macabri rituali furono massacrate vite innocenti e che ancora oggi in alcuni casi, li ritroviamo nella fustigazione, o nella penitenza, con l'uso di strumenti per la mortificazione della carne sino a divenire *kamikaze!*

Tutto ciò, è raccolto in un atteggiamento rituale fine a se stesso; in chiara contrapposizione con gli insegnamenti di Gesù Cristo e dei *Messaggeri* che l'hanno preceduto o seguito, vedi Maometto.

Amici! Ora è bene che taccia?

Ben presto inizierete anche voi a percorrere un nuovo *sentiero* che unisce il tutto, tra il passato remoto ed il nostro tempo odierno!

Cap. 3 «L'assemblea nel bosco».

- Dai cerchi all'origine dell'universo

Sino ad ora abbiamo appreso che da dimensioni invisibili ci perverrebbero costantemente segnali *anomali* che ci turbano e ci scompaginano la nostra vita quotidiana.

Tutti noi sappiamo che per mezzo di certi uomini che sono in perfetta buona fede, si compiono fenomeni più o meno appariscenti che il nostro scibile non sa afferrare, ad esempio i *miracoli*.

Ritorno con il pensiero a quei cerchi e ricordo che ciò che più mi colpì in quel campo di grano, fu la sensazione indotta in me di un chiaro riferimento ad *energie sconosciute*. Questa si consolidò inesorabilmente in me, quando constatai che nel centro dei cerchi, non v'era traccia di perforazione del suolo.

Là, nella zona centrale, v'era un'area circolare perfetta di circa due metri di diametro, ove gli steli di grano erano spianati al suolo in modo da essere sempre tangenti, ad ogni loro cerchio d'origine.

Al centro di quelle aree perfettamente circolari cercai ripetutamente eventuali segni d'*impalizzatura*, dovuti ad un possibile bastone tendicorda nel caso si fosse trattato di una burla; ma non vi fu traccia d'alterazioni dell'omogeneità del suolo. Non erano stati impalizzati bastoni di sorta e non v'erano segni salienti, al centro delle aree in questione! Allora quale equilibrio di forze mantenne costante ed inamovibile il centro immaginario di quei cerchi?

In essi agì un'energia sicuramente controllata da una sorta di regole di meccanica elementare matematicamente calcolabili; ma di quale origine era l'ipotetica macchina rotante che avrebbe eseguito quel lavoro senza organi di centraggio?

In passato, potrebbero essere avvenuti fatti simili d'origine ignota e da quei fatti anomali, deriverebbe l'origine d'alcuni passi scabrosi di visioni sconvolgenti apparse allo sguardo nei nostri antenati nell'Antico Testamento e non solo?

In questo caso quel che accadeva in quel tempo poteva essere ricollegato ad un *dio* autore di quelle vicende?

Quindi quel *dio* appariva come portatore di fuoco e distruzione come fu per Sodoma e Gomorra?

Vi assicuro che senza scostarci da noi stessi, possiamo ritrovare un'infinità di fatti ancora incompresi che dimostrano quanto la scienza sperimentale sia ancora lontana dal comprenderli.

Alcuni esperimenti da me condotti in laboratorio, dimostrarono la presenza di *radiazioni sconosciute* che si liberarono normalmente dalle nostre mani.

Ciò accadde nel laboratorio esperienze, della fabbrica dove lavoravo molto tempo fa.

Ricordo perfettamente che scoprii una sorta d'emissioni d'*irradiazioni* d'origine misteriosa che eccitavano gli atomi del rame di una bobina immersa in uno spesso mantello d'acciaio!

Correva la fine degli anni 70 ed in quel laboratorio esperienze, un giorno chiamai a raccolta i colleghi perché osservassero anche loro quel fenomeno che si stava verificando:

«*...Ragazzi venite a vedere!» esclamai con entusiasmo. Osservate anche voi queste tracce luminose*[100] *sull'oscilloscopio? Constatate come s'ingrandisce la banda luminosa sullo schermo, quando avvicino le mani a questa massa d'acciaio?...*»

---

[100] Le tracce luminose sono generate dagli elettroni che si proiettano giungendo dal catodo, sullo schermo dell'oscilloscopio. Dall'analisi delle *tracce*, gli specialisti risalgono alle caratteristiche elettriche o fisiche, di ciò che le ha generate.

All'interno di quella massa metallica inerte, dentro il suo pozzetto, avevo immerso una bobina di filo di rame di grosso diametro. Essa si componeva di poche spire arrotolate su se stesse, senza alcun nucleo metallico all'interno.

Perché la bobina di cui vi parlo, la nascosi lì, dentro quella massa metallica?

Era annegata nel pozzetto, e totalmente coperta anche ai due estremi, con spesse piastre d'acciaio di qualche centimetro che fungevano da schermatura per non lasciar penetrare le onde elettromagnetiche dall'esterno!

Ciò nonostante, la banda luminosa della traccia dell'oscilloscopio pulsava quando gli avvicinavo le mani: quanto si stava verificando era impressionante credetemi!

Quella era la prima volta che m'appariva la prova tangibile, *sperimentalmente ripetibile*, e scientificamente inoppugnabile, dell'esistenza di un'*energia radiante* emessa dalle nostre mani!

Oh...come la sto facendo grossa?

Quella traccia era forse solo il rumore di fondo[101], dell'insieme del circuito elettrico che unisce la bobina all'oscilloscopio?

Quell'ampiezza *oscillante* della *traccia*, era forse provocata dalla frequenza elettromagnetica irradiata dagli impianti elettrici dello stabilimento?

Su essa, si modulava quindi esclusivamente quel *rumore elettronico* di fondo?

Questo era ragionevole, ma perché quell'agitazione atomica della bobina aumentava molto, quando le mie mani gli si avvicinavano?

Provarono anche i colleghi e videro che la traccia luminosa s'ingigantiva anche con le loro mani.

Questo dimostrò che quella forma di radiazione era comune a tutti noi.

Poi abbiamo provato ad avvicinare qualcos'altro al posto delle mani: una barra di ferro, una pesante piastra di rame ed altro ancora, ma l'ampiezza della traccia luminosa sullo schermo dell'oscilloscopio restava assolutamente immota!

---

[101] Detto anche rumore termico degli atomi di quella bobina, generato per l'energia termica esistente rispetto allo zero assoluto.

Da tutti quegli svariati oggetti inerti, non s'irraggiava alcunché capace di eccitare il movimento termico degli elettroni del rame che costituiva il filo della bobina!
Tutti noi sappiamo che emettiamo energia radiante che in casi particolari è benefica ed è utilizzata dai pranoterapeuti per curare certe malattie.

Ebbi in gioventù un maestro di pranoterapia ed un giorno, mi dimostrò che lui era capace di trasferirmi la sua energia prano terapeutica a patto che eseguissi scrupolosamente le sue istruzioni.

La mia amica, sofferente di calcoli alla cistifellea fungeva da paziente e durante l'imposizione delle mie mani disse d'aver percepito una netta sensazione di calore in profondità.
Ricordo che durante l'esercitazione un dolore lancinante mi colpì alla fianco, proprio in corrispondenza del fegato!

In quell'esperimento gli occhi di Domenico mi fissavano con determinazione ed io, allievo e sperimentatore, lo seguii attentamente!

Fui magneticamente attratto, anche dai suoi insegnamenti sulla *mummificazione* di pesci, carne o su qualsiasi altra cosa animale o vegetale semplicemente con l'imposizione delle mani!

Domenico mi dimostrò che le sostanze animali e vegetali, dopo l'applicazione delle mani per breve tempo non avrebbero più subito alcun processo di putrefazione.

A dire il vero, lui ci riusciva anche sui pesci di riguardevoli dimensioni ancora integri con tutte le interiora.
Io fui capace con le sogliole, o le fettine di carne, o con le banane, ma non con i pesci integri delle loro interiora.
Anche questi fenomeni avvengono quotidianamente a moltitudini di persone, però nessuno di loro è in grado d'intelligerli adottando gli strumenti della scienza sperimentale.
In quel laboratorio dimostrai un altro importante fenomeno fisico, correlato con le radiazioni emesse dalle nostre mani.

Si trattava dell'aumento, perfettamente misurabile di flessibilità di lamelle d'ottone se lievemente strofinate con i polpacci dell'indice e del pollice.

Su un tavolo del laboratorio accanto al mio, c'era un flessimetro[102], con alcune lamine di lucente ottone riposte al suo lato, pronte per essere inserite nell'apparato do misura.

Le lamine provenivano dal magazzino ed erano state ottenute da tranciatura diretta da un foglio più grande ed erano spesse 1 millimetro o poco più.

Con parsimonia, presi con le pinzette una di quelle lamelle d'ottone lunga 100 millimetri e la fissai in una parte apposita dello strumento.

All'estremità opposta, lasciai adagiare il tastatore capace di misurare la flessione della lamina sotto un certo peso calibrato, anche al decimo di millimetro.

Il fatto sorprendente fu che senza togliere la lamella dal misuratore, strofinandola delicatamente tra i polpastrelli dell'indice e del pollice per una ventina di volte, senza compiere alcuna forza deformante la flessione aumentò del 20 e più per cento!

È incredibile tutto ciò?

Di quale *magia* si tratta?

Che cosa può aver interagito con le molecole della lamina d'ottone tanto da aumentarne l'elasticità in quella misura?

Nulla di magico in tutto ciò!

Si tratta di fenomeni fisici legati alla variazione dell'assetto delle molecole superficiali della lamina.

Ma ciò che è anomalo è l'influenza *dell'energia* ignota che si libera dalle nostre mani.

Lo spessore di quel mantello d'acciaio che costituiva il pozzetto era tale da essere praticamente impenetrabile dalle onde elettromagnetiche ambientali.

Quella schermo era però perfettamente penetrabile, dalle nostre radiazioni sino a raggiungere la bobina di rame nel suo cuore della struttura molecolare.

Solo particelle ad alta energia, o radiazioni x, o superiori possono penetrare quello spessore d'acciaio.

Perché le radiazioni generate dalle nostre mani, penetravano quello schermo sino ad eccitare gli atomi del rame che costituiva la bobina?

Tutto ciò è fantastico vero?

---

[102] Sorta di strumento meccanico per misurare la flessibilità delle lamine metalliche o molle piane.

Dalle nostre mani fuoriesce un'energia, sottoforma di particelle, che non conosce ostacoli?

Se quest'ipotesi fosse alla portata della scienza sperimentale, si potrebbe dimostrare che noi esseri umani, siamo in grado di comunicare anche con gli atomi che costituiscono la materia apparentemente inerte che ci circonda!

Noi siamo composti di materia e quindi d'atomi degli stessi elementi che costituiscono il Cosmo.

Siamo quindi in grado di comunicare, senza esserne coscienti, con tutti gli esseri viventi, con la materia e con l'universo in tempo reale?

Abbiamo degli indizi in merito?

Se questi fenomeni ed altri alla portata umana, sono compiuti da uomini speciali, possono apparire come... *miracoli*?

Quando Gesù Cristo disse ai discepoli, *«... guarite quanti tra loro sono infermi* [103]*...»* intendeva forse dimostrare che in loro v'erano poteri, ignorati dai loro sensi esteriori capaci di curare le malattie del corpo oltre a quelle dello spirito?

Nel 5° libro del «Codice» intitolato «Il Suono Dell'uomo», appare da un calcolo matematico che questo legame è imprescindibile tra noi e gli atomi del cosmo intero?

Il *contatto* tra gli esseri e le cose avviene attraverso particelle ancora sconosciute dalla *scienza sperimentale*, ma quelle particelle entrerebbero a far parte della *Teoria Unificata* a cui stanno alacremente lavorando gli scienziati di cui v'ho fatto menzione in precedenza?

In ogni caso quei formulari del 5° libro, sono tutti riportati nel disco digitale ed ognuno di voi potrà analizzarli e trarne opinioni.

Ci sono alcune *forze*, la cui origine fisica è già stata scoperta ed oggi, le utilizziamo per la nostra stessa vita quotidiana. Vi sono

---

[103] [14] Gesù disse: «Se digiunerete vi attribuirete un peccato; se pregherete vi condanneranno; se darete l'elemosina farete del male ai vostri spiriti. Se andrete in qualche paese e viaggerete nelle (sue) regioni, se vi accoglieranno, mangiate ciò che vi porranno davanti e guarite quanti tra loro sono infermi. Giacché ciò che entra dalla bocca non vi contaminerà, ma è ciò che esce dalla vostra bocca che vi contaminerà». Tratto da: *il vangelo di Tomaso*, *«I Vangeli Gnostici»* a cura di Luigi Moraldi, pag. 7.

però, infinite altre forme d'energia assolutamente ignote, come avete constatato voi stessi dai miei semplici esperimenti in laboratorio.

Anche le forze che si sprigionano dall'imposizione delle mani, non sono ancora state scientificamente sperimentate!

Siamo circondati da troppi enigmi?

Siamo ancora primitivi e purtroppo la nostra necessità di sopravvivenza quotidiana, ci trascina in oscuri sentieri!

Molto tempo fa, in quelle grandi civiltà, v'erano forse uomini che conoscevano la *legge...unificata* di cui s'interrogano gli odierni scienziati capeggiati da Stephen Hawking?

Secondo lui la scienza deve fornire una singola teoria, capace di descrivere l'universo nella sua globalità; anziché secondo le due teorie fondamentali: quella generale della *relatività* e della *meccanica quantistica*.

La prima teoria si occupa di descrivere le grandi forze dell'universo su grande scala. La forza di gravità si palesa nelle manifestazioni sensibili della struttura dell'universo di dimensioni *infinite*; mentre la seconda si occupa dei fenomeni su scala infinitesimale, atomica, nucleare, particellare.

Nella mia ricerca, emergono forse i *parametri matematici elementari*[104] che collegano indifferentemente l'universo infinito del cielo, all'universo infinitesimale dell'atomo?

Azzardo un sì, perché questo collegamento s'è originato grazie all'*esegesi* dei codici Buddhisti, quei testi risalgono ad oltre 2500 anni fa. Successivamente gli stessi *parametri matematici elementari* appaiono anche dalla decodificazione dimensionale, delle opere scultorie dell'antica civiltà Maltese di oltre seimila anni fa.

Potrete verificare tutti voi che alla base dei calcoli, vi sono indissolubilmente le tangenti di progetto delle piramidi di Cheope e di Chefren.

Dalla ricerca scaturisce anche un *grafico* proiettato sottoforma d'approccio filosofico, rappresentato in forma puramente simbolica del legame tra il Codice Cosmico ed il DNA.

---

[104] Si tratta dell'evoluzione dei calcoli relativi alle diverse costanti fisiche note, basata sui codici Cosmici derivati dalle Piramidi di Cheope e Chefren come già anticipato in precedenza.

Quest'unione di simboli potrebbe intendere l'unità delle essenze ed essere perfettamente inserito, nel ciclo d'evoluzione dell'uomo nell'universo?

Ciò potrebbe avvenire, secondo il principio *antropico debole* che presuppone siano trascorsi circa 10 miliardi d'anni dal momento del big bang.

Secondo certi studi considerati con grande attenzione, si suppone che occorrerebbe questo tempo, affinché l'uomo si possa evolvere sino alla condizione attuale.

Se adesso correliamo le frasi di Gesù Cristo riportate dall'apostolo Tommaso nei vangeli gnostici da me prima elencate, non scopriamo forse che Dio è in ognuno di noi?

Noi siamo parte integrante di Dio ed allora questo concetto ci porta a sostenere anche il principio *antropico forte* ?

Vale a dire, tutto l'universo esisterebbe così com'è, perché esiste l'uomo che è parte integra di Dio?

Perché i *parametri matematici elementari* messi alla luce, rispondono perfettamente all'interrogativo degli scienziati espresso chiaramente da Stephen Hawking?

Egli si sofferma a lungo su quest'argomento con particolare determinazione e sostiene che:

«*non potrebbe esistere l'uomo se anche uno solo di quei numeri fondamentali fosse di poco diverso*».

Nella ricerca s'evidenzia, dai calcoli riportati nel *6° libro,* che il Big bang sia lontano da noi 36 miliardi d'anni e che l'universo, potrebbe iniziare il ciclo involutivo tra circa 31 milioni d'anni.

Questo ricontrarsi determinerebbe il big crunch, dopo circa 37 miliardi d'anni. In questo caso Dio ritornerà *Se Stesso*[105] ?

Non esisterà più l'universo nella materia, confermando gli assunti di Alecksandr Aleksandrovič Fridman del 1922 che sostenevano l'uguaglianza dell'universo, da qualunque parte si vedesse e che non fosse statico ma in espansione?

---

[105] Lo spirito che è in noi ritornerà quindi all'Origine. In questo caso il concetto d'eternità spirituale si sostiene appieno. Non vi sarà più materia.

Alle stesse conclusioni, giunse svariati anni dopo Edwin Hubble, scoprendo che la luce proveniente dalle galassie, tendeva tanto più al rosso quanto più s'allontanavano da noi.

Il primo modello d'espansione trovato da Fridman è quello che coincide con i risultati dei calcoli evidenziatisi nella ricerca.

Intendo sostenere che v'è stato un inizio e vi sarà con rilevante probabilità, una fine per il nostro universo ed il fenomeno avrà un andamento parabolico!

Amici vi ricordo che alla base dei *parametri matematici elementari*, vi sono le tangenti delle grandi piramidi e le costanti fornite dai numeri irrazionali trascendenti: il *pigreco*[106] ed il «Modulo Cosmico[107]» ad esempio.

3.1 Il codice genetico umano ed i messaggeri del Cielo.

Da questi assunti generali e dalle coincidenze geometriche riscontrate sui molteplici reperti analizzati, ho supposto che nel nostro DNA potesse trovar posto un *recettore cosmico* e da questo, gli architetti delle antiche civiltà a loro insaputa, ne traevano inconsapevolmente il senso di limite del rapporto dimensionale dei loro progetti.

Come vedremo più avanti, quest'ipotesi troverà conferma anche in molteplici reperti protostorici eseguiti da scultori che oggi definirei portatori di un DNA *recettore cosmico*.

Per questo motivo, gli artisti illuminati furono i *Sapienti* ed operavano ai più alti livelli gerarchici con i sacerdoti e gli scribi. Tra le antiche civiltà, quell'egizia fu portatrice del messaggio dell'Origine Universale.

Si potrebbe ipotizzare che il *recettore cosmico* s'origina nel feto materno?

Oppure può essere introdotto nell'umano prescelto, in particolari condizioni biologiche, quali ad esempio uno stato di coma transitorio?

---

[106] Numero irrazionale trascendente: 3,14159265359.
[107] Numero irrazionale trascendente: 4,76636363400.

Queste ipotesi d'avanguardia troverebbero conferma in episodi specifici che mi riguardano e che v'illustrerò più avanti.

Quest'*inoculazione* del codice nel feto, potrebbe derivare da una particolare configurazione del DNA oppure stabilirsi tramite le energie provenienti dalle altre dimensioni?

In questa seconda ipotesi troverebbero spiegazione la verginità di *Maria* oppure della *Madre che partorisce sul fianco* [108] della sapienza religiosa Buddhista?

---

[108] Il significato religioso è il medesimo: il Messia nasce per opera dello Spirito Santo e non dalla fecondazione umana. La carne è solo il *supporto* per lo spirito del Messia, in questa dimensione.

Dal Vangelo secondo San Luca si legge: Annunciazione di Maria e incarnazione del Verbo.

Sei mesi dopo, l'Angelo Gabriele fu inviato da Dio in una città della Galilea chiamata Nazaret, ad una vergine, promessa ad un uomo di nome Giuseppe, della casa di Davide. Il nome della vergine era Maria. L'angelo, essendo entrato presso di lei, disse: «Ave, o piena di grazia, il Signore è con te! Turbata a queste parole, ella si domandava che cosa potesse significare un tale saluto.

Ma l'Angelo le disse: «Non temere, Maria, perché tu hai trovato grazia davanti a Dio. Ecco tu concepirai nel tuo seno e darai alla luce un figlio, che chiamerai col nome di Gesù; egli sarà grande e verrà chiamato figlio dell'Altissimo; il Signore Iddio gli darà il trono di Davide, suo padre, e regnerà sulla casa di Giacobbe in eterno, e il suo regno non avrà mai fine».

Allora Maria disse all'Angelo: « Come potrà avvenire questo, se io conosco uomo?» E l'Angelo le rispose, dicendo: «Lo Spirito Santo verrà sopra di te, e la potenza dell'Altissimo ti coprirà della sua ombra: per questo il bambino santo che nascerà, sarà chiamato Figlio di Dio. Ecco, Elisabetta, tua parente ha concepito anch'essa un figlio, nella sua vecchiaia, e colei che era chiamata sterile è nel sesto mese; perché niente è impossibile d'innanzi a Dio». Allora Maria disse: «Ecco l'ancella del Signore; che mi avvenga secondo la tua parola». E l'Angelo si partì da lei.

La stessa origine cosmica è contemplata nella: Mahāpadānasuttanta (la Grande Leggenda): «17. Ecco o monaci il Bodhisatta (colui che possiede l'elemento bodhi od illuminazione. Nome che compete a coloro che stanno per divenire Buddha.) Vipassī, trapassando dal coro degli dei Tusita (una classe di dei inferiori al mondo di Bramā), entrò consapevole, cosciente nel grembo della madre. E questa è una regola. E vi è, o monaci, questa regola: allorquando il Bodhisatta, trapassando dalla classe degli dei Tusita, entra nel grembo della madre, allora nel mondo, coi suoi dei, colle sue schiere di Māra, colle sue

Quando ciò accade, il *recettore cosmico* si ricollega in perfetta sintonia al passato remoto della nostra esistenza nell'universo che oso definire con il termine: «Memoria Cosmica».

La prova dell'esistenza di una *legge unificata* dell'universo, potrebbe essere in quel passato remoto?

Ne sarebbe la conferma, l'origine dei segni distintori, restituiti con estrema precisione, individuati nei reperti archeostorici riemersi dalle sabbie d'Egitto?

Un'ulteriore conferma di questo presupposto d'analisi, sarebbe illustrato nel legame tra la rappresentazione stereografica delle 32 classi cristallografiche nel loro stato monometrico[109].

Si riscontrerebbe la stessa logica dimensionale analizzando la struttura degli esseri elementari quali le *diatomee*[110], il cui protoplasma cellulare è contenuto in un involucro siliceo, infatti, esse sono geometricamente strutturate negli esatti rapporti del Codice riportato sulla "Chiusura Cosmica" e sulla "Grande Stella".

L'*Atomo di Bohr 1913 H2*, i principali diagrammi delle leggi termodinamiche della fisica e la scomposizione strutturale delle molecole basilari presenti nell'universo, si collocherebbero anch'essi con esatta proporzione matematica, sui rapporti dimensionali del sistema solare ed oltre?

Sì, tutto questo ci appare reale osservando l'evoluzione dei grafici e dei *parametri matematici elementari* di calcolo riportati su disco digitale.

Gli eventi descritti, aiutano a sostenere un'ipotesi di Stephen Hawking:

---

schiere di Bramā, coi suoi asceti e brahmani, colle sue razioni di dei e di uomini, un immenso eccelso splendore si manifesta, sorpassante il divino splendore degli dei...21. ...E vi è o monaci questa regola: allorquando il Bodhisatta è sceso nel grembo della madre, alla madre del Bodhisatta non sorge alcuna tristezza, Beata è la madre del Bodhisatta, sana di corpo. La madre del Bodhisatta vede il Bodhisatta nella parte sinistra dell'utero, con ogni, anche pur minimo, organo. Come vi fosse un gioiello prezioso, puro, eccellente, a otto facce, ben tagliato, trasparente, chiaro, provvisto di ogni qualità.....» Tratto dal testo *"Aforismi e discorsi del Buddha"* a cura di Mario Piantelli, pagg. 12-14.

[109] Disposizione atomica che determina la forma dei cristalli minerari noti. *Rif. Bibl. "Enciclopedia Galileo delle scienze e delle tecniche.*

[110] Tali forme sono visibili nel disco digitale allegato

> «...ogni cosa nell'universo, dipende in modo fondamentale da ogni altra cosa...»

Dallo studio emergerebbe che ogni conformazione finale di ciò che esiste è però autonoma ed indipendente da quelle circostanti, entro il valore d'entropia terrestre. In altre parole la vita in tutte le sue forme e le sostanze che compongono il nostro pianeta, sono autonome tra loro.

E' fondamentale il fatto che la teoria newtoniana della gravità tra due corpi, non consideri tutte le essenze fisiche presenti; ma solo ed unicamente la massa. Infatti, l'indipendenza gravitazionale dallo stato in cui la materia si presenta nelle masse, ci dimostra che l'infinitamente piccolo in ogni modo sia organizzato, è il primo fondamento dell'esistenza dell'universo.

La terra ed il sole dimostrano perfettamente la teoria di Newton, perché essi sono sostanzialmente differenti dal punto di vista entropico; ma ciò che accade all'interno dei due corpi, non altera l'effetto finale gravitazionale universale.

Il sole è una massa gassosa pura, mentre la terra è una massa sostanzialmente solida! Tutte le anomalie riscontrabili nell'universo sussisterebbero quindi perché il suo stato non è in *equilibrio*[111].

Così esse potrebbero rimanere almeno sino quando, non vi sarà il *big crunch*; in altre parole, sino quando tutto tornerà alle *Origini* d'onde giunse ciò che esiste e per diretta conseguenza, tutto ciò che esiste, è sua parte integrante e si esprime nella Legge Universale.

Le cose sono differenti per l'uomo, perché egli racchiude in sé, anche la parte spirituale che non utilizza la legge della materia, ma grazie ad essa, si sostiene e si evolve.

Può sembrare paradossale; ma solo rispettando le *leggi* che governano la materia, lo spirito si può evolvere nell'uomo per assicurare la conservazione della specie in ogni era cosmica.

L'equilibrio vitale della terra dipenderebbe quindi, dal comportamento dell'uomo che è animato da nature *morali,* le cui

---

[111] Inteso come in espansione.

origini si perdono nella notte dei tempi e quest'ipotesi è sinergica con il fondamento «antropico forte.

Tale proposizione si sosterrebbe anche in ciò che emerge dai testi religiosi egizi di oltre quattromila anni fa che vi leggerò più avanti!

Da queste considerazioni evince che lo spirito deve render conto della salute della materia?

Per quale ragione quest'affermazione si sosterrebbe valida?

Rasserenatevi Amici, perchè non v'è nulla d'anomalo in questa verità ed ora tento di darvene una dimostrazione.

Ad esempio, nella vita quotidiana, è necessario disporre di notevoli risorse per compiere uno studio?

Abbiamo necessità di superare rilevanti sforzi intellettuali? Saremo in grado di farlo?

Se la ...*carne* è ammalata può avvenire la nostra morte precoce ed in questo caso, lo spirito che in essa era contenuto potrà ancora operare?

Sicuramente no, la risposta è scontata!

Ricollego a questo argomento gli studi svolti da svariati naturisti che hanno dimostrato che il nostro organismo è programmato geneticamente per vivere in perfetta salute, almeno per 120 anni; mentre l'errata *alimentazione* unita alle fatiche spesse volte sovrumane, la riducono ad una manciata d'anni.

In ogni caso, parlo di quest'aspetto della vita quotidiana, in una missiva al mio Amico e da qualche parte, la recupererò e vi riporterò alcune frasi su quest'argomento. Siete d'accordo con me?

Ritorno sul fatto secondo il quale, le teorie parziali che utilizziamo, per predire con esattezza l'evolversi di parte dell'universo, da sole non riescono a cementarsi in un'unione sostanziale; occorre una terza *intuizione* che unisca la relatività di Albert Einstein alla meccanica quantistica, rispettando tuttavia le loro singole identità.

Ora ci tocca ritornare per un istante indietro nel tempo alle parole riportate dal Deuteronomio dell'Antico Testamento nel *Quarto discorso di Mosè* dove sta scritto:

«*...Le generazioni future e i vostri figli che sorgeranno dopo di voi, e lo straniero che verrà da terra lontana, vedranno le piaghe di questo paese e le*

malattie con cui il Signore lo avrà colpito, e grideranno: zolfo, sale, arsura è tutta la sua terra; non ci sarà più sementa, né prodotto, non vi crescerà più un filo d'erba; sarà come avvenne di Sodoma, di Gomorra, di Odma e di Seboim che il Signore distrusse nella sua ira e nel suo furore! E tutte le genti si domanderanno: perché il Signore ha trattato così questo paese?
  Come mai quest'ira così grande, così ardente?
  E si risponderà: perché hanno abbandonato il patto del Signore, Iddio dei loro padri che egli aveva fatto con gl'Israeliti dopo averli tratti fuori dall'Egitto; e perché sono andati a servire altri dèi e li hanno adorati, dèi che essi non avevano mai conosciuti, e che il Signore non aveva loro assegnati.
  Per questo l'ira del Signore si è accesa contro il loro paese, per far venire su quella terra tutte le maledizioni scritte in questo libro. Il Signore li ha estirpati dal loro territorio con ira, con furore e grande indignazione, e li ha gettati in un altro paese, fino ad oggi.
  Le cose occulte appartengono al Signore, Iddio nostro, ma quelle rivelate sono per noi e per i nostri figli in perpetuo, affinché mettiamo in pratica tutte le parole di questa legge».

Ci possiamo chiedere:
Che cosa significano e quale nesso v'è, tra quelle parole ed i nostri argomenti di scienza sino ad ora rammentati?
  In quelle *complesse* parole di un testo le cui origini si perdono nella notte dei tempi, si cita del popolo d'Israele e poi delle cose occulte e di quelle svelate!...si parla dell'Egitto, dunque, ci fa intendere che in queste parole è espresso il legame cosmico di cui ora conosciamo parecchi collegamenti!
  Mosè annuncia che ciò che è svelato si deve dire al popolo per la sua salvezza!

3.2 L'ultimo Messaggero dell'Asia Anteriore.

Affermativo Amici!
Gli insegnamenti ricevuti lo confermano.
La nostra domanda ci consente d'annunciare che la *Legge Universale*, con tutta probabilità, 356 milioni d'anni fa giunse al... primo essere... *umano* !
  È probabile?

Il suo corpo poteva essere diverso dal nostro, branchiforme per sopravvivere all'atmosfera quasi irrespirabile di quel tempo.

Da allora il *recettore cosmico,* restò in eredità alle scomparse civiltà, ad esempio a quella fantasticata di Atlantide e successivamente, alle altre sparse in tutto il globo.

Il popolo d'Israele è il... *cuore* dell'Antico Testamento!

Furono proprio gli Ebrei, a ricevere le istruzioni verbali dagli Egizi sulla *Legge Universale* come giunse a loro in quel tempo?

Ancora oggi, quel popolo risponde all'umanità dell'insegnamento conferitogli, oltre tremila anni fa in terra d'Egitto. Per questa ragione Israele è rimasta prevalentemente legata ai contenuti di quegli insegnamenti.

Alla luce dell'evoluzione cosmica, essi meritano certamente attenzione e rispetto, ma quegli insegnamenti, furono *oltrepassati* da Verbo del Messia.

Egli c'istruisce affinché impariamo le nuove regole necessarie per far continuare la vita in questo universo in continua espansione.

I Suoi insegnamenti contengono la base su cui poggia la *Legge Universale* per il tempo futuro. Oggi il contenuto dell'Antico Testamento potrebbe dissonare, rispetto al nuovo assetto universale di questi ultimi due millenni.

Proprio per equilibrare ogni asperità, giunse il Messia Gesù Cristo per istruirci sulle nuove Leggi da seguire.

Ed ancora, scopriamo che 500 anni dopo, vi fu Maometto che trasmise quel messaggio al mondo Arabo.

Nelle altre terre dell'Asia Anteriore e dell'oriente vi sono il Corano, i testi Buddhisti ed Induisti. Questi ultimi trasmettono un messaggio universale svincolato dallo *spazio tempo* anticipando ed armonizzandosi, con quello cristiano.

Ad esempio iniziando la lettura del Corano, troviamo questi insegnamenti:

II. *La sûra della vacca*

24 *«In verità, Dio non si vergogna di proporre ad esempio un moscerino o qualche cosa di superiore a questo in piccolezza, poiché quelli che credono sanno che quella è la verità, proveniente dal loro Signore; però quelli che non credono diranno: che cosa ha voluto dirci Dio, servendosi di ciò come*

esempio? Egli travia con ciò molti e ne dirige molti altri, però egli non travierà con ciò nessuno al difuori degli empi,

25 I quali violano il patto di Dio dopo la sua conclusione, dividono quanto Dio ha comandato che sia unito e portano la corruzione sulla terra; quelli sono i perditori.

26 Come potete voi non credere in Dio, mentre che voi eravate morti e egli vi ha vivificati? Egli ancora vi farà morire, per poi vivificarvi di nuovo; quindi in fine, a lui sarete fatti ritornare.

27 Egli è colui il quale ha creato per voi tutto ciò che è sulla terra, poi attese al cielo che egli foggiò in sette cieli; egli conosce ogni cosa».…

57 «Ricordate pure quando Mosè chiese a Dio dell'acqua per il suo popolo e noi gli dicemmo: percuoti la roccia colla tua verga; sgorgarono allora da essa 12 sorgenti e ogni tribù conobbe il luogo ove dissetarsi allora dicemmo loro: mangiate e bevete della provvigione di Dio e non siate malvagi sulla terra, portandovi la corruzione;

58 E quando diceste: o Mosè, non sopporteremo più a lungo un solo genere di cibo, prega quindi per noi il tuo Signore che faccia uscire, per noi, di ciò che produce la terra, come legumi, cetrioli, aglio, lenticchie e cipolle, Mosè rispose: volete forse sostituire ciò che è peggiore a ciò che è migliore? Scendete allora in Egitto e, per certo, avrete colà ciò che chiedete. Fu quindi impresso su di loro il marchio dell'avvilimento e della povertà e incorsero nella collera di Dio; ciò perché essi non credevano nei segni di Dio e uccidevano ingiustamente i loro profeti; ciò perché essi furono ribelli e trasgressori.

59 Certamente quelli che credono, i musulmani, quelli che seguono la religione giudaica, i cristiani e i sabei, chiunque insomma creda in Dio e nel giorno estremo e abbia fatto del bene, tutti avranno la mercede loro, presso il Signore, né alcun timore sarà su di loro, né si rattristeranno».…

81 «In verità, già demmo il libro a Mosè e facemmo seguire lui dagli altri apostoli; abbiamo inoltre accordato a Gesù, figlio di Maria, i segni manifesti della sua missione, e l'abbiamo fortificato collo spirito della santità; forse che ogni volta che un apostolo vi porta una rivelazione che gli animi vostri non desiderano, vi gonfiate di orgoglio e accusate gli uni di menzogna e ne uccidete altri?».…

154 «Quanto a coloro che tengono celato quel che facemmo scendere dei segni evidenti e della direzione dopo che ne facemmo dichiarazione agli uomini nel Libro Pentateuco, quelli Dio li maledirà e li malediranno pure tutti quelli che sanno maledire».…

169 «Coloro che tengono celata la rivelazione contenuta nel libro, ciò che Dio ha fatto scendere del Libro e ottengono con ciò un vantaggio infimo, quelli non introducono nei loro ventri se non il fuoco; Dio non parlerà loro, il giorno ella resurrezione, né li purificherà e ad essi toccherà un castigo doloroso».

Queste parole del Corano vi suonano nuove; oppure vi ricordate di averne udite di molto simili, nella lettura della Bibbia?
Sì, esse sono simili alle parole di Mosè e di Gesù Cristo che abbiamo già riportato in precedenza!
Allora se quegli insegnamenti sono tutti uguali e benedetti, perchè tutti noi osserviamo allibiti l'espandersi della guerra religiosa che sta dilaniando intere popolazioni in molti popoli dell'Asia Anteriore e non solo?

3.3 Gli insegnamenti dell'Antico e Medio regno.

Bene Amici, ora vi porto indietro nel tempo in epoche ancor più lontane databili tra il 2700 e il 2000 prima di Cristo là, in terra d'Egitto, nel tempo dei Faraoni dell'Antico Regno, quando i Sapienti insegnavano:

Proverbi: II-III millennio a.C.

- *La spada entra nel collo di chi l'affila.*
- *Fa del bene a chi ti fa del bene.*
- *Nessuno conosce la propria sorte, quando fa progetti per il giorno dopo.*
- *Il monumento dell'uomo è la sua perfezione: chi ha cattivo carattere viene dimenticato.*
- *Dio conosce il malvagio. Dio punisce le sue colpe fino all'ultima goccia di sangue.*
- *Il nome di un eroe poggia sulle sue imprese: esso non può perire in questa terra per l'eternità.*
- *Quando fallisce una scure d'oro intarsiata di bronzo, fallisce anche un randello fatto con il legno di bosco.*

Insegnamento di Gedefhor 2650 a.C.

«*Perfezionati al cospetto dei tuoi occhi, e bada che non sia un altro a perfezionarti*»

Insegnamento di Ptahhotep 2400 a.C.
«*Se vuoi essere libero da ogni male, guardati dall'avidità che è una morbosa, incurabile sofferenza. In sua presenza, la familiarità non è possibile; essa rende amaro l'amico che era dolce, allontana la persona fidata dal signore, rende cattivi il padre e la madre insieme ai fratelli della madre e ripudia la moglie. Essa è un fascio di mali d'ogni genere, un sacco di ogni cosa biasimevole. È prospero l'uomo la cui norma è il diritto e che segue la propria strada; egli accumula un patrimonio, ma l'avido rimane senza sepolcro*».

«*Non andare superbo della tua conoscenza, e non confidare nel fatto di essere savio. Trai consiglio dall'ignorante come dal sapiente, poiché non v'è confine all'arte, e non v'è artista che possieda la pienezza della propria ispirazione*».

«*La forza della verità è che essa dura*».

«*Non diffondere la paura tra gli uomini. Dio lo proibisce tutte le volte. La paura non consegue mai nulla presso gli uomini; solo quel che Dio comanda accade*».

«*La verità è eccellente e la sua affilatura dura nel tempo; è indisturbata fin dal tempo del suo creatore, mentre si punisce chi ne trasgredisce le leggi*».

Insegnamento di Merikarê 2050 a.C.
«*Sii diplomatico nell'uso delle tue parole, quando intendi raggiungere un fine. Per un re, la parola è una spada, e la parola è più potente di tutte le armi…Se vuoi erigere per te un monumento duraturo, non costruirlo con la pietra, bensì con l'amore dei tuoi sudditi.*

Questa vita se ne va, non dura a lungo; fortunato colui del quale si conserva il ricordo. Da questo punto di vista, avere un milione di sudditi non è, per un re, di alcun'utilità: ma il ricordo di un uomo eccellente dura per l'eternità. Sii giusto, affinché il tuo nome sussista per sempre.

Non ammazzare, poiché non ne ricaverai alcun guadagno. Ma se hai un buon carattere, ci si ricorda volentieri di te. Non fare alcuna distinzione tra il figlio di un nobile e quello di un uomo semplice, bensì giudica chi desidereresti legare a te secondo i suoi meriti.

Le tue mani non devono essere oziose: fa il tuo lavoro con gioia. Governa gli uomini come un gregge di Dio.

Egli ha creato il cielo e la terra così come gli uomini lo hanno voluto. Quando piangono, da loro ascolto. Egli ha creato l'erba e il bestiame, come anche i pesci, per il loro sostentamento. Egli conosce ciascuno per nome.

Debole e cattivo è colui che intende giustificarsi per il male che ha compiuto che prende alla leggera le proprie azioni oppure le espone a proprio favore. Questo ti valga d'avvertimento: dopo un colpo ne segue un altro; così è per tutto ciò che accade».

«Fa ciò che è giusto, finché sei su questa terra. Consola chi piange, non opprimere le vedove, non scacciare alcuno dalla proprietà di suo padre e non danneggiare i consiglieri nelle loro sedi. Guardati dal comminare punizioni ingiuste».

«Ben ordinati sono gli uomini, il gregge di Dio. Egli ha creato il cielo e la terra a loro beneficio. Egli ha allontanato da loro l'oscuro Caos.

Egli ha creato l'aria affinché i loro nasi possano vivere. Essi sono le sue immagini, uscite dal suo corpo. Egli si leva nel cielo a loro beneficio.

Egli ha creato le piante, gli animali, gli uccelli, e i pesci, per dare loro sostentamento.

Egli ha creato la luce a loro beneficio, e attraversa il cielo per poterli vedere.

Egli ha fondato presso di loro la propria cappella: se piangono, egli ode...Dio conosce ogni nome».

Amici quale effetto creano in voi questi insegnamenti che si perdono nella notte dei tempi?

Non vi pare che equivalgano integralmente alle parole degli ultimi Messaggeri dell'Asia Anteriore?

Sì, tutto ciò ci sconvolge!

Questa concretezza espressa dagli insegnamenti ricevuti nel nostro tempo deriva *pari pari*, da quelli tramandati dagli antichi Egizi?

Ora constatiamo che la *Sapienza* non ha confini e limiti temporali!

Comprendiamo che l'uomo... *ha deviato* nei secoli da quegli insegnamenti!

Si è forse diretto verso la trasgressione provocando ciò che oggi è agli occhi di tutti noi?

Ha forse commesso quella che Gesù Cristo definisce la: *bestemmia contro lo Spirito Santo*?

Le massime sapienziali, i testi religiosi e letterari che vi ho letto, li ho scelti tra quelli citati da Manfred Kluge[112].

Egli c'erudisce sull'importanza attribuita dall'Antica Grecia alla sapienza egizia:

«...*Erodoto volle dedicare un intero libro delle Storie all'Egitto perché, nelle sue parole, esso contiene meraviglie in gran numero e più di tutti i paesi, presenta opere che a stento si possono descrivere.*

Dall'epoca classica ad oggi, il fascino di questa terra e della sua civiltà non ha fatto che rinnovarsi, traendo nuovo alimento dalle vicende avventurose di quanti, archeologi e decifratori, hanno tentato di dissuggellare i segreti.

Le testimonianze scritte dell'antico Egitto, accessibili da meno di due secoli dopo la geniale scoperta di Champollion, presentano una stupefacente ricchezza di pensiero.

Sono massime e riflessioni che oggi leggiamo come espressione di un'affascinante concezione della vita: una chiara visione dei limiti dell'azione umana, fatalmente subordinata al volere della divinità; un'attenzione ossessiva per il destino dell'uomo dopo la morte; un rispetto istintivo per le regole di una vita civile molto complessa e codificata...».

Amici, mi soffermo brevemente su quest'argomento per informarvi su alcuni aspetti fondamentali che cementarono per millenni, la vita della società egizia.

Manfred Kluge, ci ha largito la sua profonda conoscenza della loro Civiltà di cui vi trasferisco un breve accenno:

«...*Senza Egitto non v'è Occidente: la culla della nostra civiltà fu sul Nilo. Più di ogni altra grande civiltà, l'antico Egitto, con il suo sviluppo culturale trimillenario, ci fornisce un esempio chiaro e grandioso del manifestarsi dello spirito umano.*

L'Egitto, paese dei Faraoni, «dono del Nilo»: nessun popolo della terra ebbe una scienza, un'arte e una vita quotidiana, così strettamente legate ai propri dèi e monarchi divini.

---

[112] Autore del testo: «La Saggezza dell'Antico Egitto», *massime sapienziali, testi religiosi e letterari scelti dall'Autore*. Ugo Guanda Editore in Parma 1990.

... Quale ricchezza, quale forza e quale abilità gli antichi Egizi devono aver posseduto, fin dagli inizi della loro civiltà, per poter trasportare gli enormi blocchi di pietra per le loro piramidi ed erigerli!
Il misterioso regno sul Nilo, ammirato in virtù della sua alta civiltà nell'antichità, istruì Platone a scrivere nelle Leggi: «...Già fin dall'epoca primordiale, si dischiuse agli Egizi la sapienza di ciò che noi proprio ora proclamiamo, si devono abituare i giovani negli stati alle belle forme ed ai bei suoni. E dopo aver sistemato in ordine queste cose, in occasione delle festività degli dèi, essi diedero istruzioni circa il cosa e il come... Guardando più da vicino si scoprirà che colà, le pitture e le statue create diecimila anni fa e dico ciò non nel senso usuale e indefinito della parola, bensì intendendo effettivamente diecimila anni fa, non sono né più belle né più brutte di quelle dell'epoca attuale, bensì mostrano esattamente la medesima cura artistica...».

...Gli Egizi si gloriavano della propria scrittura non soltanto perché era bella a vedersi, ma perché le attribuivano poteri magici.
Con l'aiuto della scrittura si potevano annotare eventi importanti e dare espressione al pensiero. Così, il celebre Imhotep fu ritenuto l'autore del più antico scritto didattico di cui si ebbe memoria.
Non v'è da meravigliarsi che nessun lavoro, sarà per gli antichi Egizi, prestigioso e desiderabile quanto quello di scriba.
...Secondo Platone, il sapiente egizio era in origine un personaggio versato in tutte le arti e le scienze. Come esperto dell'arte della vita e della prudenza mondana, egli cercava la misura e la bellezza in tutte le cose e al tempo stesso, era un educatore del genere umano, nel senso degli antichi insegnamenti sapienziali.
Imhotep, il genio universale, fondatore della civiltà egizia, vissuto intorno al 2780 a.C. all'epoca del re Gioser, era ritenuto l'autore del più antico insegnamento sapienziale e di vita che purtroppo non si è conservato.
Gedefhor, un figlio minore di Cheope, visse all'incirca, cent'anni più tardi. Anch'egli fu venerato dal popolo come sapiente. Nell'antica letteratura egizia si menziona sempre con ossequiosa venerazione il nome del sapiente, emulato dalle varie generazioni.
Già nel Medio Regno i seguaci di Imhotep sottolineano di non aver aggiunto nulla di sostanziale alla sua sapienza.

Due altri insegnamenti sono con gran verosimiglianza da datarsi al III millennio: l'Insegnamento per Kaghemni e l'Insegnamento di Ptahhotep. Del primo è conservata soltanto la conclusione, l'altro invece è rimasto intero.
L'Insegnamento di Ptahhotep è più vecchio di oltre due millenni di quelli di Confucio, Socrate e Buddha. L'autore fu visir sotto il re Isesi (ca. 2400 a.C.). Già nel Medio Regno l'opera fu rielaborata per migliorarne la comprensibilità, e in questa nuova forma rimase poi in uso fino alla XVIII dinastia, come libro scolastico che doveva educare lo scolaro, a uno stile di vita prudente e a una buona condotta dell'esistenza.

...Nella religione egizia assume un ruolo determinante la fede nell'aldilà. La speranza in un ritorno in vita dopo la morte si collega soprattutto alla figura del Dio Osiride.

Il desiderio degli Egizi di conservare la propria vita oltre la morte ha dato origine a numerose iscrizioni sepolcrali di contenuto biografico, per lo più in punti in cui potessero essere lette dai visitatori.

Queste iscrizioni devono informare il visitatore del sepolcro che il defunto ha condotto la propria vita, secondo le leggi morali vigenti.

Di tali assicurazioni si compose successivamente la «confessione negativa» del Libro dei morti, intesa ad assicurare al morto il superamento della prova al cospetto del tribunale dei morti e l'ingresso nell'aldilà. Iscrizioni del genere consentono di trarre conclusioni sicure nel campo della morale, poiché abbastanza di frequente la biografia si risolve in un'enumerazione di norme di vita: i discendenti devono trarre profitto dall'esperienza degli antenati.

...Nonostante l'ampio intervallo e il profondo abisso che intercorrono tra la civiltà egizia e quell'odierna, i testi manifestano, attraverso i millenni, una sorprendente ricchezza di massime sapienziali. Per il recupero di questo tesoro si deve ringraziare il faticoso lavoro di ricerca degli egittologi...».

Amici avrete certamente afferrato che grazie al lavoro degli studiosi della civiltà egizia oggi, a distanza di 6000 anni è stato possibile scoprire il «codice cosmico» racchiuso nei loro reperti archeologici?

Adesso comprendete che quegli uomini possedevano già allora, una coscienza immensamente superiore alla nostra?

3.4 I Testi Religiosi Egizi.

Manfred Kluge, cita nella sua introduzione l'argomento sui «Testi delle Piramidi» ed i «Testi dei sarcofagi» dei quali Sergio Donadoni[113] autorevole egittologo, ci suggerisce alcuni esempi di gran significato storico e religioso.

Nella sua introduzione Egli rafforza quanto sostenuto da Kluge e riporta svariati testi scritti a partire dalla V dinastia rappresentanti l'archetipo della religiosità egiziana legata al defunto regale.

Vi ragguaglierò su una breve selezione dei testi da lui prescelti. Vi sia così comprensibile il ruolo capitale della religione nella storia della Valle del Nilo, del suo offrirsi come interpretazione del mondo, come archetipo d'esperienza morale, come strumento di consapevolezze sociali anche pratiche.

Dalla loro Sapienza c'è giunto il patrimonio scientifico indispensabile per individuare oggi, l'esistenza presumibile della «Memoria Cosmica».

Tra gli argomenti espressi nella sua introduzione vi scrivo il seguente:

«...La lunga civiltà egiziana, per tutta la sua durata, sente com'elemento vitale l'esperienza religiosa. Si potrebbe scriverne una storia usando proprio tale esperienza come parametro e anzi, il saggio di una simile impresa che ha dato il Breasted, costituisce uno dei più belli e congeniali contributi moderni, alla comprensione dell'Egitto antico.
...Cosa sia «Dio» in Egitto, non è facile dire.
Anche la parola con la quale egli si chiama, nt'r, è di assai dubbia etimologia, cosicché non possiamo accostarci alla sua natura per questa rischiosa via. E subito c'è da chiederesi: «Dio» unico, o «Dio», singolare di «dèi»? E' questo un problema dibattuto fin dalla più antica egittologia.
...La lettura dei «Testi delle Piramidi» qui tradotti, basta per vedere con che calore si trasferisca sul piano mitologico qualsiasi esperienza di vita.

---

[113] A sua cura il testo: *«TESTI RELIGIOSI EGIZI»*, Editori Associati S.p.A. Via Monte di Pietà 1/A 20121 Mi. 1988 Ediz. TEA.

In questa stessa raccolta i testi sapienziali tardi mostrano che a Dio resta, alla fine, la responsabilità solo dei perché ultimi: è creatore, è provveditore, è principio di vita morale.

Non interviene più, impetuosamente in ogni momento, ma avvia i processi che si svolgono per conto loro.

Ed è giusto che in tale concezione divenga anche realmente Dio unico, in quanto «inconoscibile» causa prima...»

Il prof. Donadoni prosegue con l'analisi particolareggiata dell'età più antica, con i suoi Miti, Riti e la speculazione religiosa riscontrabili nei testi delle Piramidi.

«...Le piramidi costituiscono il punto d'arrivo dello sviluppo della tomba regale dell'antico regno. L'esempio più antico che sia datato con sicurezza è la «piramide a gradini» di Saqqarah, che risale alla terza dinastia, e che rappresenta la prima costruzione di mole colossale che ci abbia lasciato la civiltà egiziana antica.

Così la forma a scala di quest'esempio arcaico come la forma più chiaramente e regolarmente piramidale delle grandi costruzioni di Gizah[114] della IV dinastia sono probabilmente da intendersi come forme di una «architettura parlante» che allude a miti o a feticci solari: il tumulo primordiale su cui il Dio del sole si è manifestato all'inizio del mondo, la «scala» che ha analoga funzione, la pietra «benben» che a Eliopoli finirà con il dare origine all'obelisco, sempre terminato in un pyramidion, sono certo elementi che vengono richiamati alla memoria degli Egiziani dalla sola forma della piramide.

L'abitudine protodinastica di sottolineare per le sue dimensioni e per il suo carattere le tombe dei re rispetto a quelle dei suoi cortigiani e dei suoi sudditi assume così un colorito particolare.

Ma tutte queste tombe non portano iscrizioni di sorta. Anche le modeste piramidi che i sovrani della V dinastia si fecero costruire a Saqqarah sono prive d'iscrizioni, eccetto che nel caso dell'ultimo re della casata, Onnos.

...I «Testi delle Piramidi» ci danno un quadro per iscorcio di tutta la religione egiziana più antica. Le due grandi classi di dei, gli dei locali e quelli universali sono tutte e due chiaramente rappresentate, a testimonianza di due diversi momenti della storia della religione egiziana....».

---

[114] Piramidi di Cheope Chefren e Micerino, la Sfinge.

Questi concetti espressi da Sergio Donadoni esprimono un quadro esemplare della religiosità egizia. Tutto ciò ci aiuterà a comprendere il significato di quanto sino ad ora vi ho esposto e vi esporrò di seguito.

La loro civiltà racchiude ancor oggi i misteri che in parte sono riemersi alla luce, in questo nostro tempo.

Nel loro DNA v'era il *recettore cosmico* ?

Il segreto dell'origine dell'universo e delle leggi che spettano all'uomo in questa terra, chi lo insegnò loro?

Ci domandiamo chi ha insegnato a quei popoli la tecnica per realizzare le loro immense Piramidi!

Noi studiamo in conformità ad esperienze millenarie acquisite, ma la maggior parte di noi, nonostante gli studi compiuti, non riuscirà a ripetere nulla di simile senza usare i moderni attrezzi della nostra civiltà industriale!

Tale sapienza, nella sua pura essenza è ancora sconosciuta a noi. Non stiamo forse per scoprire da questi recenti studi che popoli a loro più antichi di 15000 anni, già conoscevano perfettamente la tecnica per realizzare opere dimensionalmente perfette ed in esatta scala con il sistema solare attuale?

Certamente, non siamo in grado di accedere alla genesi della loro sapienza utilizzando i nostri attuali mezzi sperimentali.

E' probabile che queste ultime nostre ricerche di cui gradualmente apprenderemo le risultanze, apportino un nuovo strumento di speculazione scientifica e trascendentale?

In futuro potremo accertarne la validità; ma in ogni caso si tratterà di riconoscere l'origine plurimillenaria degli insegnamenti comportamentali trasmessi tramite i ...*Messaggeri* , all'essere umano!

V'affascinano gli insegnamenti degli antichi egizi tanto remoti quanto attuali?

A conclusione di questa cronologia, *storico – trascendentale*, posso annunciarvi il contenuto di qualche altro brano tratto dai testi sapienziali estratti dalla raccolta di Sergio Donadoni relativi al Medio e Nuovo Regno.

Dalla successione di questi testi potrete riallacciarvi alla trasmissione del messaggio religioso al popolo Ebreo!

La Crisi Della Coscienza

1.- Dall'«Insegnamento per Meri-Ka-Ra»[115]
Leggi nel libro dell'esame (degli uomini) innanzi a Dio [2]
e muovi tranquillo nel luogo misterioso [3],
Quando l'anima giunge al luogo che essa conosce non devia dalla sua via di ieri;
non la respinge nessuna magia
quando essa giunge a Coloro che danno l'acqua [4]
I membri del tribunale che giudica i peccatori,
tu sai che non sono miti
il giorno in cui si giudicano i miseri,
l'ora in cui adempiono alloro compito [5], Cattivo è l'accusatore [6]...
Non fidarti della lunghezza degli anni:
essi vedono una vita come fosse un'ora,
Quando una persona sopravvive dopo la morte [7],
le sue azioni gli sono presso come un mucchio.
È l'eternità, invero, il restar là, e stolto è colui che vi si ribella,
Ma quanto a colui che vi giunge senza peccato egli sarà là come un Dio
e muoverà liberamente come i Signori dell'eternità.

II

Arricchisci la tavola d'offerte, aumenta(ne) i pani, da' aggiunte alle fondazioni pie [8].
E' una cosa utile per chi lo fa.
Fa' prosperare le tue fondazioni secondo le tue forze: è il giorno singolo che dà all'eternità,
l'ora è quella che abbellisce per il futuro.
Dio è riconoscente in relazione a quel che si fa per lui.

2. Titolo di un'opera religiosa perduta!
3. L' Aldilà.

---

[115] Questo «Insegnamento» si immagina diretto da un re della dinastia eracleopolita al figlio, e dà concrete notizie circa il momento storico in cui è composto, e testimonia insieme una visione del mondo in cui l'esperienza del dolore ha introdotto una ricca eticità. L'edizione è quella di A. Volten. Zwei altaegyptische politische Schriften, Köbenhavn, 1945. I tre estratti qui dati corrispondono alle ll. 51-7; 65-7; 128-38.

4. Le divinità che accolgono l'anima nell' Aldilà e le danno da bere.
5. Nel giudizio nell' Aldilà.
6. Altri: «è grave quando l'accusatore è il Savio. (sc. Thot). Volten: «non fare il furbo».
7. E non è completamente annientata, come è anche possibile.
8. Qui come attività di governo

III

E accetta la virtù del giusto
più che non lo sia il bove di chi compie peccato.
Opera in pro di Dio ed egli farà altrettanto per te
con offerte che riforniscano gli altari e con iscrizioni, Così il tuo nome resterà.
Iddio sa fare, secondo quanto si fa per lui.
Ben curati sono gli uomini, il gregge di dio.
Egli ha creato il ciclo c la terra secondo il loro desiderio. Egli ha scacciato per loro il «Furioso» dall'acqua [9].
Egli ha creato l'aria perché i loro nasi vivano.
Sue immagini essi sono, usciti dalle sue membra.
Egli sorge in cielo secondo il loro desiderio,
egli ha creato per loro le piante
e il bestiame e gli uccelli ec i pesci per nutrirli.
Egli ha ucciso i suoi nemici ed ha distrutto i suoi figli
quando essi pensarono di far ribellione [10].
Egli ha fatto la luce secondo il loro desiderio
e naviga [11] perché essi vedano.
Egli si è elevato una cappella dietro di loro, e quando essi piangono, egli li ode.
Egli ha fatto loro dei principi dall'uovo [12],
signori che proteggano le spalle dei deboli [13]
Egli ha fatto loro le formule magiche come armi per allontanare il colpo degli accidenti;
e visioni nella notte come di giorno.
Egli ha ucciso i malintenzionati fra di loro,
come un uomo batte il figlio per il fratello [14].
Dio è uno che conosce ogni nome [15].

9. Forse si allude a un mitologico mostro acquatico (determinato con il coccodrillo).

10. Come è raccontato nella Distruzione dell'umanità: cfr. p.229..
11. Il sole traversa il cielo in barca.
12. Cioè dei sovrani legittimi, tali dal grembo materno.
13. È questa, quella funzione d'amministrazione della giustizia che è indicata come tipica del re in quest'epoca.
14. Forse: punisce il figlio suo se reca danno al fratello.
15. «nome» nel valore di «essenza».

2. - L'eguaglianza degli uomini [1]
«E' questo un testo funerario dei «Testi dei Sarcofagi», che appare su sei esemplari da Berscia. L'impegno con il quale è messo in bocca al Dio demiurgo in persona l'asserto che tutti gli uomini hanno parità originaria di diritti copre sotto un manto mitologico e religioso un concetto che di questi tempi è al centro della speculazione: l'idea della giustizia, superiore a ciascun individuo, e che a ciascun individuo è egualmente dovuta quale che sia la sua condizione. Qui il demiurgo stesso dice che ogni uomo è come il suo simile, e mostra quale conseguenza che aria ed inondazione sono stati dati a ciascuno in egual misura dalla divinità.
Più profondamente ancora legato alla civiltà del tempo è la rapida accusa che il dio rivolge agli uomini di aver violato le sue leggi: questo discolparsi e passare ad altri l'accusa del disordine che c'è nel mon- do è risposta a un interrogativo che la coscienza religiosa del tempo si pone, chiedendosi come e perché il mondo, opera divina, sia così contaminato dal male, e chiamando responsabile il demiurgo dell'errore che inquina la sua opera. Nella risposta, che scagiona la divinità, noi abbiamo preziosa testimonianza della domanda, segno di quanto ma- tura sia la civiltà religiosa del tempo, capace di impostare simili problemi».

(Parla il dio creatore)
Io ho compiuto quattro buone azioni entro il portale dell'orizzonte.
Io ho fatto i quattro venti, .
che ogni uomo possa respIrare per loro come il suo compagno nel suo tempo.
Questa è la (prima) di queste azioni.
Io ho fatto la grande inondazione
che il povero possa avervi diritto come l'uomo importante.
Questa è la (seconda) di queste azioni.
Io ho fatto ogni uomo come il suo compagno.

Io non ho comandato che essi commettessero il male,
ma è il loro cuore che ha violato quel che io avevo detto.
Questa è la (terza) di queste azioni.
Io ho fatto che i loro cuori cessassero di dimenticare l'Occidente [2]
in modo che le offerte divine fossero date agli dei Dei dei nômi.
Questa è la (quarta) di queste azioni.

1-. De Buck. *The Egyptian Coffin Texts;*, vol. VII, Chicago, 1961, cap. II30. Identificato già da J. H. Baeasted, *The Dawn of conscience,* New York, 1933, p.221.
2. Cioè il paese dei morti, l'Aldilà.

III
Il Nuovo Regno

Testi Funerari
I. - Dal « Libro dei Morti » 1

«*I testi che nell'età più antica furono scritti sui muri della camera sepolcrale dei sovrani menfiti, si erano fatti di assai più largo dominio nella successiva età feudale, quando era subentrata l'abitudine di scrivere direttamente sui fianchi della cassa funebre testi che permettessero al defunto non tanto di sopravvivere nell'aldilà, quanto di affrontare vittoriosamente le prove ed i pericoli cui potesse essere colà soggetto...*

Capitolo CXXV [1]

Capitolo dello scendere nella corte delle Due Verità [2] da parte di N. N.
Salute, o grande Dio signore delle Due Verità [3] !
Io sono venuto a te, mio signore, essendo condotto a vedere la tua bellezza. Io ti conosco, io conosco il nome dei quarantadue dei che sono con te in questa Corte delle Due Verità, che vivono del massacro dei malvagi, che ingoiano il loro sangue, quel giorno del contare il carattere davanti a Un-nefer. Ecco « Colui-i-cui-due-figli-sono-i-due-occhi-signore-della- Verità»[4] è il tuo nome. Io sono venuto a te io ti ho portato la verità. Io ho allontanato per te la colpa.
Io non ho commesso colpe contro gli uomini.
Io non ho maltrattato i bovini.
Non ho commesso peccato in luogo della giustizia.
Non ho conosciuto quel che non c'è [5].
Non ho contemplato (?) il male.
Io non ho iniziato nessuna giornata richiedendo un dono da quelli che dovevano lavorare per me.

Il mio nome non è giunto al soprastante della Barca divina.
Io non ho bestemmiato il Dio.
Non ho colpito il misero.
Non ho fatto quel che è il disgusto degli dei.
Non ho causato malattie.
Non ho affamato.
Non ho ucciso.
Non ho causato dolori a nessuno.
Non ho sciupato i pani degli dei.
Non ho rubato le focacce degli Spiriti [6].
Non ho commesso pederastia.
Non ho commesso atti impuri.
Non ho aggiunto e non ho sottratto allo staio.
Non ho diminuito l'arura.
Non ho falsificato la misura del campo.
Non ho aggiunto al (contrap)peso della bilancia.
Non ho portato via il latte dalla bocca dell'infante.
Non ho scacciato le greggi dall'erba.
Non ho preso alla rete gli uccelli (...?) del Dio: non ho rapito i pesci dai loro laghi [7].
Non ho impedito l'acqua nel suo tempo.
Non ho costruito una diga contro l'acqua corrente. Non ho spento il fuoco nel suo tempo.
Non ho trasgredito i giorni d'offerta. ,
Non ho tenuto lontano il bestiame dei beni di Dio. Non ho impedito il Dio nella sua uscita.
La mia purezza è la purezza di questa grande fenice che è in Eliopoli, poiché sono io questo Naso signore del respiro, che fa vivere tutte le genti questo giorno della pienezza dell'ug'at in Eliopoli nel secondo mese della stagione peret, ultimo giorno, in cospetto del signore di questo paese. Sono io quegli che ha visto la pienezza dell'ug'at in Eliopoli. Non si, produrrà male nei miei riguardi in questo paese nella Sala delle Due Verità perché io conosco i nomi degli dei che vi si trovano.

O Lungo-di-Passo, che esci da Eliopoli, non ho commesso peccato.
O Abbraccia-fiamma che esci da Babilonia, non ho rubato.
O Nasuto [8] *che esci da Ermopoli, non sono stato invidioso.*
O Ingoia-Ombre che esci dalla Spelonca, non ho saccheggiato.
O Spaventoso-di-Membra che esci da Ro-setau, non ho ucciso uomini.

O Due-Leoni [9] che esci dal cielo, non ho danneggiato lo staio.
O Occhi-di-Selce [10] che esci da Letopoli, non ho compiuto male azioni.
O Fiamma che esci all'indietro, non ho rubato le offerte divine.
O Rompi-Ossa che esci da Eracleopoli, non ho fatto menzogna.
O Getta-fuoco che esci da Het-ka-Ptah [11], non ho rubato nutrimento.
O Cavernoso che esci dall'Occidente, non son stato insolente.
O Bianco-di-Denti [12] che esci dal Paese del Lago, non ho trasgredito.
O Mangia-Sangue che esci dal luogo del supplizio, non ho ucciso il bestiame divino.
O Mangia-Visceri che esci dal Tribunale della Trentina [13], non ho accaparrato grano (?).
O Signore della Verità che esci da Maaty, non ho rubato le razioni.
O Traviato che esci da Bubasti, non ho spiato.
O Aady che esci da Eliopoli, non ho fatto camminare la mia bocca [14],
O G'ug'u che esci da Aneg', non ho litigato se non per
le cose mie.
O Uamenty che esci dal luogo di esecuzione, non ho commesso adulterio.
O Guarda-quel-che-egli-porta che esci dalla casa di Min, non ho commesso atti impuri.
O Soprastante ai Grandi che esci da Imau, non ho incusso terrore.
O Distruttore che esci da Fui, non ho trasgredito.
O Incantatore-di-voce che esci da Urit, non mi sono scaldato.
O Fanciullo che esci da Heqa-ag', non ho reso sordo il mio volto a una parola verace.
O Basty che esci da S'etit, non ho strizzato l'occhio [15]
O «La-sua-faccia-è-la-sua-nuca» che esci da Tepehet-G'at, non ho commesso sodomia.
O Caldo-di-Piede che esci dall'aurora, il mio cuore non ha ingoiato [16].
O Oscuro che esci nell'oscurità, non ho insultato altri.
O Porta-la-sua-offerta che esci da Sais, non sono stato violento.
O Signore-dei-Volti che esci da Neg'afet, non si è affrettato il mio cuore [17].
O Serekhy che esci da Utenet, non ho trasgredito la mia natura, non ho posto un Dio in non cale.
O Signore delle Due Corna che esci da Siut, non sono stato molteplice di parole nei discorsi.
O Nefer-Tem che esci da Menfi, non c'è la macchia mia, non ho commesso il male.
O Tem-Sep che esci da Busiri, non ho insultato il re.

O Fa-secondo-il-suo-cuore che esci da C'ebu, non ho camminato sull'acqua [18].
O Percotitore (?) uscito dal Nun, non sono stato alto di voce.
O Comanda-genti che esci dalla Residenza (?), non ho insultato un Dio.
O Neheb-Neferet che esci dal tuo castello, non ho fatto un gonfiamento [19].
O Neheb-kau che esci dalla città, non ho fatto distorsioni a mio profitto.
O lllustre-di- Testa che esci dalla tua tana, non sono state grandi le mie razioni se non delle cose mie.
O Alza-il-suo-braccio che esce da Igeret, non ho calunniato il Dio della mia città.
Salute a voi, o dei! Io vi conosco, io conosco i vostri nomi. Io non cadrò, e voi non colpirete. Voi non farete salire il mio peccato a questo Dio al cui seguito voi siete. Non verrà la mia disgrazia per voi.
Non sarà detto «Menzogna!» nei miei riguardi in cospetto del Signore Universale, poiché io ho praticato la giustizia in Egitto. Io non ho offeso Dio, e non verrà la mia disgrazia per il re che è nel suo giorno.
Salute a voi, voi che siete nella sala delle Due Verità, nel cui corpo non è menzogna, che vivete di verità e che sapete la verità in cospetto di Horo che è nel suo disco! Possiate salvarmi dalla mano di Babi [20], *che vive delle viscere dei Grandi, questo giorno del grande giudizio. Ecco, io vengo presso di voi e non c'è la mia colpa, non c'è il mio male, non c'è la mia iniquità, non c'è la mia accusa, non c'è persona cui io abbia fatto questo. Io vivo di verità, io conosco la verità. Io ho fatto quel che dicono gli uomini, quello di cui si compiacciono gli dei. Io ho soddisfatto il Dio di quel che egli ama. Io ho dato pane all'affamato, acqua all'assetato, vesti all'ignudo, una barca a chi ne era privo. Io ho dato offerte agli dei e offerte funerarie agli Spiriti. Salvatemi, voi! Proteggetemi, voi! Non esiste un rapporto contro di me in vostro cospetto. Io sono uno la cui bocca è pura, le cui mani sono pure, cui si dice «Benvenuto in pace!» da parte di coloro che lo vedono: perché io ho sentito questo discorso che l'asino ha detto al gatto nel tempio di Colui che apre la bocca. Io son stato testimonio davanti a lui, quando egli gridò. Io ho visto il taglio della pianta is'ed entro Ro-setau* [21]. *Io sono uno stimato dagli dei, che conosce le loro cose. Io sono venuto qui per testimoniare la Verità...*

1. Di questo capitolo c'è una parziale edizione critica: Maystre., Les décliarationi d'innocence, Le Caire, 1937. La bibliografia è vastissima. Ricordo Spiegel, Die idee von Totengericht in der aeg, Religion, Glückstadt, 1935 e Drioton, Le lugement dei âmes dans l'ancienne Égypte, éd. do la «Revue du Caire», 1949.
2. « Due » è probabilmente solo un intensivo.

3. Qui è Osiri, davanti al quale una vignetta rappresenta condotto il morto da Anubi. Su una bilancia è posto il cuore a contrappeso del sogno della verità. Registra l'operazione Thot, mentre un mostro è pronto, a fianco, a divorare chi non risulti puro.
4. Il nome sembra alludere a una divinità solare. E davanti al sole sembra che si giudicasse il morto in origine.
5. Quel che non ci dovrebbe essere, il male
6, I morti.
7. Sembrano, questi, interdetti sacri
8. È Thot.
9. S'u e Tefnut.
10. Mekbenty-irty.
11. Nome di Menfi (propriamente di un tempio della città).
12. Sobk. Il «Paese del Lago» è il Fayyum, regione del Dio.
13. Uno dei tribunali civili.
14. Non mi sono vantato?
15. Imbrogliando perciò qualcuno.
16. Non sono stato ipocrita?
17. Non sono stato precipitoso?
18. Non sono stato avventato?
19. Non sono stato orgoglioso?
20. Dio spesso di carattere tifonico.
21. Si allude certo a cerimonie mistiche

2. - Dall'«Insegnamento di Amenemope» [1]
«Assai dubbia è la data di composizione di questa che è, comunque, la più recente delle raccolte sapienziali egiziane. I motivi riprendono spesso atteggiamenti della cultura neoegiziana, e cioè il fiducioso abbandono alla misericordia divina, capace di perdonare e di provvedere, perché l'uomo è per definizione peccatore e affidato a Dio.
Con la divinità non si può, ormai, quasi più aver rapporto diretto: se c'è, è perché da parte del Dio se ne prende l'iniziativa. Il solo modo di entrare con lui in contatto è di occuparsi attivamente in questo mondo della umanità, e collaborare cosi alla sua opera provvidenziale. La felice povertà del pio, la soddisfazione e la quiete dell'opera di carità sono elementi non di una vita sociale, ma di una vera e propria esperienza religiosa, che tende a trasferire in questo mondo il teatro della sua attività. È un fenomeno analogo a quello per cui, nell'età eracleopolita, l'elenco dei peccati di cui il morto dichiara di essere immune è per la maggior parte composto di colpe verso il prossimo, in modo da far coincidere moralità sociale e religione...

...Il parallelismo con passi della saggezza salomonica è stato più volte notato: è probabile che in più di un caso questa sia la fonte letteraria di quella, e in genere si può dire che questi testi (come quelli) interpretano esperienze religiose che han forme affini in due civiltà ormai da molto tempo vicine l'una all'altra ed esperte l'una dell'altra».

I [2]
*Meglio è uno staio che il dio ti dà
che cinquemila in ingiustizia..*

II [3]
*Meglio è la povertà nella mano di dio che la ricchezza nel granaio.
Meglio è (solo) pane quando il cuore è contento
che ricchezza con crucci.*

III [4]
Non parlare con menzogna alla gente: è l'abominio di Dio, questo.

IV [5]
Non danneggiare la gente col calamo ed il papiro [6]*: è l'abominio di Dio, questo.*

V [7]
*Quando tu trovi un debito grosso di un povero fanne tre parti.
Gettane via due, e lasciane restare solo una e troverai questo come una via di vita.
Così potrai dormire, e quando avrai passato la notte, al mattino
lo troverai come una buona notizia.*

VI [8]
È il naso dell'Ibis il dito dello scriba [9]*: sta attento a non irritarlo.
Il Cinocefalo risiede in Ermopoli
ma il suo occhio percorre i Due Paesi.
Se dunque egli vede colui che trasgredisce col suo dito, egli rapisce i suoi
viveri con l'inondazione. Se lo scriba trasgredisce col suo dito
non sarà nominato (al suo posto) suo figlio.*

VII [10]
A che valgono le (preziose) stoffe suh e mek se tu fallisci in cospetto del dio?

VIII [11]
Dio è nella sua perfezione,
mentre l'uomo è nella sua manchevolezza:
ma svaniscono le parole che gli uomini dicono e svaniscono le azioni di Dio.
Non dire: «Io son senza peccato»
e non darti da fare per raggiungerlo (?) [12].
Il peccato appartiene a Dio [13], a
esso è suggellato col suo dito.

IX [14]
In verità, tu non conosci i consigli di Dio; così non puoi aver contezza del domani, Mettiti nelle mani di Dio e il tuo silenzio le farà abbassare [15].

X [16]
Non ridere di un cieco e non schernire un nano e non danneggiare la situazione di uno zoppo,
Non schernire un uomo che è nella mano di Dio [17] e non esser severo contro di lui, se trasgredisce. L'uomo in vero è fango e paglia [18]: iddio è il suo muratore.
Egli distrugge e costruisce ogni giorno egli fa migliaia di piccoli a suo gusto.
Egli fa migliaia di sorveglianti quando è nella sua ora di vita.
Come si rallegra colui che raggiunge l'Occidente [19] essendo sano nella mano di Dio.

1. H. O. Lange, Das Weisheitsbuch des Amenemope, in Kgl. Danske Vidensk selsk. Hisl. Fil. Medd. XI, 2, Köbenhavn, 1925.
2. VII, 19 segg.
3. IX, 5 segg.
4. XIII, 15 segg.
5. XI, 20 seg.
6. Profittando della tua situazione di scriba o funzionario.
7. XVI, 5 segg.
8. XVII, 7 segg.
9. L'ibis, è più sotto il cinocefalo, è Thot, il patrono degli scribi. Lo scriba deve essere attento a non irritare il suo dio con il suo dito, cioè con il suo scrivere. Similmente XXIV, 4: «il cuore dell'uomo è il naso di dio»...

10. XVIII, 10 segg.
11. XIX, 15 segg.
12. Cioè raggiungere dio.
13. Sul peccato ha autorità dio, che lo giudica e lo suggella
14. XXII, 5 segg.
15. Il «silenzio» è la timorosa modestia del pio davanti alla divinità (il «silenzioso» è figura tipica del tempo), che farà abbassare benevolmente le mani divine.
16. XXIV, 8 segg.
17. È la frase specifica per indicare i malati di mente?
18. Ciò di che son fatti i mattoni crudi usati in Egitto.
19. Cioè l'Aldilà...»

Il tempo di queste scritture della civiltà egiziana, è compreso tra il 1700 ed il 1200 a.c. In questo periodo come vi ho accennato in precedenza, gli Hyksos Cananei erano divenuti parte integrante del mondo egizio.

Fu proprio in quel periodo che il popolo ebreo acquisì quegli insegnamenti.

I misteri dell'Antico Regno sino a Neferkare Pepi II c.a 2200 a.C. prima dell'avvento del Primo periodo intermedio, restarono tali.

Difficilmente tutti quei misteri si trasferirono al popolo ebreo, tranne forse, per quanto atteneva la sintesi grafica dove si originò il simbolo della *Stella di Davide*.

L'origine di questo simbolo, risalirebbe almeno a 6000 anni or sono, come già vi ho accennato in precedenza, in piena epoca protostorica, ma oso spingermi ben oltre sino almeno a 157 milioni d'anni fa, subito dopo il grande cataclisma che coinvolse il nostro pianeta e non solo.

La *Stella di Davide*, è formata dai due "Triangoli Sacri" contrapposti ed inscritti nella "Plutoniana" e la potrete vedere nei grafici riportati nei dischi digitali.

Essa s'incastona al centro della "Chiusura Cosmica" dove si forma dalla geometria, di due reperti protodinastici custoditi nel Museo Egizio di Torino illustrati nel disco digitale.

Il formulario matematico, che stabilì i diametri di Plutone e Caronte, è accessibile a tutti e le misure dei due corpi celesti, come già sapete, furono definite prima che l'*Hubble space telescope* le confermasse due anni dopo.

Ora mi potreste domandare perché pur avendo supposto il fatto che i cerchi potrebbero essere generati dalle stesse dimensioni cosmiche che riguardano anche questa ricerca, non ho provveduto ad inserirli in sovrapposizione planimetrica nella "Chiusura Cosmica" come fu per tutti i precedenti reperti analizzati?
Forse non sarò più io a procedere in questa ricerca che tocca i cerchi.
Se con il trascorrere del tempo riscontreremo un'ulteriore conferma di quanto si è constatato, forse vi saranno altri uomini di buona volontà che si cureranno di procedere su questo percorso, non credete?
Questo atteggiamento non è palesemente scettico ed in contrasto con la filosofia della mia ricerca?
Sì, forse così appare perchè ci occorrono ulteriori prove per sovrapporre quelle geometrie alla planimetria della "Chiusura Cosmica".
La ricerca sino ad oggi condotta, si basa su reperti assolutamente indiscutibili e concreti, realizzati con le mani dei nostri lontani progenitori con il sostegno delle energie estrinsecate nell'universo!
I cerchi, con tutta probabilità non li ha fatti l'uomo!
È normale che vi sia ancora la diffidenza nell'intimo, perchè ad ogni *nuova scoperta,* si crea in noi lo scompiglio e ci occorre tempo per accogliere il nuovo!
Noi tendiamo ad ancorare lo studio su ciò che è sostanzialmente inconfutabile!
Allora qual è il motivo per cui non ho trasmesso il mio studio agli scienziati, od agli egittologi, od agli archeologi e ne parlo con tutti voi che non siete obbligatoriamente addette ai lavori?
Suppongo che se i miei studi sono il frutto di un'analisi pura e disinteressata da finalità volte al proprio *ventre,* allora verrà il tempo che gli studiosi delle singole discipline diranno: perché non dobbiamo leggere anche quegli studi?
Ed allora anche loro saranno padroni della materia, sino a sviscerarne sia le esattezze sia gli errori! Non sarebbe questo il miglior modo per ottenere un risultato nell'interesse di tutti noi?
In ogni caso, come ho già accennato in precedenza, trasmisi a suo tempo una *presentazione* della ricerca, a svariate *Istituzioni,*

illustrando alcuni riferimenti specifici relativi alla scoperta, offrendomi anche, per approfondire l'argomento nelle sedi opportune. Vi riporto di seguito alcuni passi della presentazione in questione:

«... Dovete sapere che gli studiosi d'archeologia, geologia, e delle antiche religioni, hanno lavorato e continuano a lavorare instancabilmente, per individuare la chiave di lettura per decifrare quegli schemi matematici e geometrici Universali.

Gli scienziati sono certi dell'esistenza e del fatto, che essi fossero alla base della conoscenza somma dei grandi Sacerdoti o degli Architetti delle remote civiltà.

Gli studiosi sanno perfettamente che eressero le loro opere con strutture studiate e calcolate per essere capaci di durare molti millenni, affinché il "Codice Universale" fosse trasmesso intatto ai posteri.

Così potrei citare:

...Un'opera Atzeca, risalente all'anno −324,58[116] al raggio 56,32 del Quadrante Solare, denominata la Piramide del Sole a Teotihuacan in Messico. In questa Piramide del Sole, vi sono certi anacronismi architettonici attualmente incomprensibili, come ad esempio l'anomala angolazione dello scalone principale d'accesso.

Dal disegno della "Chiusura Cosmica" emerge perfettamente il riferimento matematico e geometrico che ispirò l'Architetto ad angolare quella scalinata al di fuori dell'apparente logica proporzionale, delle dimensioni della Piramide.

Quest'esempio indica con chiarezza che l'Architetto illuminato, attinse le informazioni geometriche per redigere il progetto dalla "Memoria Cosmica".

Qualunque geometra, potrà verificare quanto detto, il giorno in cui potrà vedere appunto i disegni contenuti nel lavoro.

Adesso rimbalziamo indietro nel tempo e ritorniamo a Re Narmer I ed in particolar modo, alla stele Votiva omonima, risalente all'inizio dell'età protodinastica che rappresenta la vittoria del Re sul

---

[116] Questa data è calcolabile anche secondo le parole del *Buddha al II logaritmo*, calcolato dalla scomposizione dei numeri, riportati nel testo bibliografico *«Aforismi e Discorsi del Buddha»*, grazie all'utilizzazione del *Codice* reso intelligibile nel mio lavoro.

Delta. La provenienza di questa stele è Hierakonpolis una città sacra del regno preistorico dell'alto Egitto.

Orbene in questa stele, è riportato il parametro matematico che sta alla base del Sistema Solare attuale e del cosmo oggi noto.

Esso contiene tutte le recenti ultime comparse delle remotissime galassie risalenti forse a 36 miliardi d'anni fa. Il "Modulo Cosmico", il Cubito Sacro, il π e le dimensioni della "Plutoniana" [117] sono appunto matematicamente legate tra loro ed hanno origine appunto, dalla 20^ parte della sottrazione del diametro di Marte attuale, dal diametro di Giove, entrambe secondo il Codice di conversione di Cheope; ovvero il Modulo Cosmico vale: 4,766.

Il Cubito Sacro unificato da Re Gioser[118], si origina dal rapporto della terza parte del Modulo Cosmico sulla semidifferenza dei codici di Cheope e di Chefren e vale 52,43 m^{-2}, è altresì ottenuto con buona approssimazione, dal perimetro del Triangolo Sacro di lato prossimo a 800/12^{mi} sul Codice di Cheope ed è uguale a: 52,38 con un'approssimazione 936,3 ppm[119].

Il Modulo Cosmico, il π, il diametro della Terra attuale secondo il fattore di conversione derivante dal "Codice" di Cheope, sono tra loro correlati dalla seguente relazione matematica: (1M-π) x

---

[117] La Plutoniana è la circonferenza nella quale sono inscritti i diametri rispettivamente di Plutone e Caronte, avente per centro Plutone ed il suo valore risultò compreso tra: 75,05 – 75,15 data dalla media aritmetica tra 75,3 e 74,8 rispettivamente dalla decodificazione, dei reperti del Museo Egizio di Torino n^{ri} 15583 e 15614, come da misure riportate sul disegno del 21/05/90. La Plutoniana è al centro della "Chiusura Cosmica" e su essa, poggia la base inscritta del "Triangolo Sacro", di lato pari a 800/12^{mi}. Il suo diametro espresso in chilometri è quindi compreso tra: 5896,78 – 5904,76.

[118] Di questo Re di Saqqara appartenuto alla III^ dinastia attorno al 2650 a.C. non si sa molto, ma nella sua statua è già insito ed evidente il *Codice* che sarà successivamente utilizzato nella progettazione che caratterizzò le grandi piramidi di Al Gizà. La Sua Piramide omonima a scalini, rappresenta una fase dello stadio evolutivo nella costruzione delle piramidi, quando non disponevano ancora delle debite informazioni cantieristiche, per eseguire le pareti a faccia liscia; ma le cappelle collocate vicino alla piramide, racchiudono la Somma Sapienza architettonica legata al *Codice Universale*.

[119] Parti per milione.

100 = Terra secondo Cheope nel rapporto di approssimazione di 788,4 ppm.

Questi esempi dimostrano che in quella Stele Votiva di Re Narmer I, v'era il "Codice Universale" trasmesso all'Artista che la modellò, quel "Codice" ora tutti voi sapete che è insito nella "Memoria Cosmica".

Dal reperto del Museo Egizio di Torino n°20093, risulta che la Chiusura Cosmica è inscritta nella circonferenza di 476,63 ed in essa, è correlato tramite il prodotto con il π, il valore esatto della centesima parte del "Modulo Cosmico".

Gli astronomi, potranno immediatamente verificare questi rapporti derivati dal calcolo direttamente dal nostro Sistema Solare; ma noi terrestri da quanti anni conosciamo tutto il nostro Sistema Solare?

Certamente da pochi anni da quanto mi appare chiaro leggendo le riviste specializzate, infatti solo nel 1992 gli studiosi poterono disporre delle esatte misure di Caronte e di Plutone, rilevate con precisione dallo Hubble Space Telescope e, solo dopo che fu riparato il suo difetto di astigmatismo nell'apparato ottico.

Gli astronomi si stupiranno, allorché constateranno che il calcolo del loro diametro in chilometri di 2339,03 – 2344,77 per Plutone e di 1218,71 – 1215,21 per Caronte da me concluso, nel periodo compreso tra l'ottobre e il novembre del 1990, usando la "Password" scoperta, fornisse gli esatti valori matematici e si interrogheranno, forti delle loro metodologie razionali e sperimentali, sulle ragioni che hanno permesso questo fatto!

Al confine del Sistema Solare, vi sono alcuni pianetini che azzerano l'equilibrio dinamico delle leggi gravitazionali, la loro scoperta l' ho identificata e calcolata nel periodo compreso tra Giugno e Dicembre del 1993 ed è riportata nel 6° libro. I pianetini sono 4 e li ho chiamati: 7,5 – 3,2 – 2 – 0,35 Cheope.

Naturalmente è indicato tutto il procedimento dei calcoli eseguiti, basati sulle dimensioni della molecola dell'ossido di silicio[120], scomposta secondo il Codice di Cheope, sulla base delle formule di Euclide, Pitagora, Talete ed Erone.

---

[120] La molecola SiO è instabile e la forma stabile è il biossido si silicio SiO2, la scomposizione di questa geometria molecolare, unita a quelle delle principali

Tornando alla nostra Terra, potremo citare ad esempio il caso di noti studiosi della "Fisica della Terra solida"[121] : il Gasparini e la Mantovani autori del libro medesimo.

Loro ritroveranno il proprio lavoro, scomposto e ricostruito nelle esatte epoche in cui avvennero i più devastanti cataclismi terrestri, dovuti all'impatto d'asteroidi.

I l "datario postumo" di quegli eventi, è oggi definibile grazie alle formule matematiche desunte proprio dal "Codice" di Cheope e Chefren.

Quel "datario postumo" ora esiste, grazie all'opera precedente di due grandi ricercatori: Melloni e Folghereiter. Loro con altri meno noti studiosi del tempo, sacrificarono gran parte della loro esistenza per scoprire il legame geomagnetico[122] impresso da milioni d'anni nelle rocce, ciò in connessione con i cataclismi e i remoti sconvolgimenti della Terra.

La nostra Terra era più grande, prima dell'impatto dell'asteroide e v'era a quel tempo la seconda luna che anch'essa precipitò sulla Terra, creando il grande cataclisma nel Sistema Solare, dove con tutta probabilità Caronte divenne satellite di Plutone.

---

molecole che costituiscono l'universo noto, è stata eseguita nel 5° libro sulla base della decodificazione delle opere *Maltesi*. Questo libro contiene anche i calcoli che ricollegano il *Codice Maltese*, alla civiltà *Egizia* ed alle conseguenti costanti fisiche ad essi connesse, e la determinazione del formulario sulle onde luminose e acustiche, riferite agli elementi ad oggi noti e riportati sulla tavola periodica di *Mendeleev*. Il formulario è accessibile a chiunque vorrà verificarne la correttezza.

[121] In questo testo compaiono anche i parametri che identificano la possibile sequenza degli eventi che hanno sconvolto il ns. Pianeta.

[122] I poli geomagnetici della terra ed il loro cammino nel tempo, permettono l'identificazione di remoti cataclismi. La metodologia di calcolo del datario dei grandi impatti, si basa sulla *proiezione stereografica polare ricondotta alla proiezione conica conforme di Lambert nel caso di h=1*. Questi calcoli riportati nel 6° libro, dimostrano l'accordo con le proiezioni citate dagli Autori e completano lo scenario, con la possibilità di proiezioni sino all'origine del Sistema Solare. La più grande catastrofe da impatto da asteroide, avvenne con buona probabilità, 157 milioni di anni fa e dal formulario, si può risalire a 36,60 miliardi di anni, al momento dell'origine dell'universo e del big crunch.

Quali erano le caratteristiche fisiche della Terra remota[123] prima dell'impatto?

M_u = Massa della Terra remota = 5,972 ^{24} kg
V = Volume della Terra remota = 1,083 ^{21} m^3
ρ = Densità della Terra remota = 5514,132 kg/m^3
ω = Velocità angolare della Terra remota = 7,292 $^{-5}$ radsec^{-1}
γ = dell'orbita intorno al sole = 17,202 $^{-3}$ radmedi/giorno
r_{mr} = Raggio equatoriale remoto = 6390141,915 m
r_{pr} = Raggio polare remoto = 6372763,454 m
α_r = schiacciamento polare remoto = 1/367,704
Δ_{mr} = Massa mancante alla Terra attuale = 1,863 ^{22} kg
v_e = Volume della massa espulsa dalla Terra = 7,842 ^{18} m^3
r_m = *Raggio medio attuale della sfera di volume equivalente all'ellissoide* = *6371000,018 m*

Ora potremo allontanarci dalla Terra e arrivare con la velocità del pensiero, a Sirio A e Sirio B e conoscere la loro orbita ellittica, traendola con precisione matematica alla millesima parte dalla decodificazione della "Tavolozza da belletto ritrovata" a El Amra, risalente all'epoca predinastica di 6000 anni fa.
Secondo il «Burnham's Handbook», l'eccentricità dell'ellisse è 0,7307 di Sirio B; mentre dalla Tavolozza è 0,724, con uno scostamento dell'eccentricità di –0,039! Nella scala di correlazione tra le due ellissi di 1/1,037.
Le ellissi e il rapporto della dimensione con i pianeti del sistema solare, stanno alla base della decodificazione di tutte le "Tavolozze da belletto" che fanno parte del lavoro.
In epoca più recente, l'angolazione di 21° 48' 5" della traiettoria di avvicinamento alla Terra di Sirio alla velocità di 7,24 km al secondo, ci viene indicata con matematica precisione dalla Chiusura Cosmica.
Anche i remoti "Coltelli Sacri" in selce di 6000 anni fa, riposti nelle bacheche del Museo Egizio di Torino al n° 20096,

---

[123] Il formulario pone in evidenza il fatto che queste dimensioni, erano già state codificate, infatti la metodologia di calcolo considera costantemente, il riferimento con il *Codice* di Cheope e Chefren.

s'incastreranno con assoluta precisione nei 4 punti cardinali[124] della Chiusura Cosmica, a conferma che erano stati costruiti nel rispetto assoluto della Legge Universale.

Potremmo anche compiere un meraviglioso viaggio nel nostro cosmo noto, basandosi sulla rotta indicata nel disegno "l'Astrale"[125] del Marzo 1989, partendo sulla rotta parallela alla direzione d'avanzamento di Sirio verso la Terra e scoprire che: alle 6,36 sud[126] della calotta astrale il viaggio inizia tagliando Gerusalemme[127] riflessa in quel punto del cielo.

Il viaggio in diagonale retta ci farà attraversare νOctans e νScorpius per giungere alle ore 16,40 sud diretti verso ΨTaurus per toccare εCassiopea ed entrare nell'ellisse di Sirio per poi giungere le 6,32 sud e dopo aver attraversato Hercules106 , passare al perfetto centro polare astrale per ritornare alle 6,32 nord e da qui, volare spediti sino a Velox Bernardi e giungere alle 18,12 nord per procedere sino alle 3,36 nord e da qui riattraversare il centro perfetto della calotta astrale sino a ritornare alle 3,36 sud e da qui, ripetere il taglio su Gerusalemme su νOctans e νScorpius e giunti alle 16,40sud deviare per il perfetto centro Astrale e procedere sino ad

---

[124] Sono i punti chiave della "Password" scoperta.

[125] Questo disegno, visibile nel disco digitale, rappresenta la volta celeste e le costellazioni coincidenti con le città dell'Asia Anteriore.

[126] Sono i riferimenti sulla calotta celeste dove gli astronomi possono definire in unione con i paralleli il punto esatto in cui si trova l'oggetto celeste.

[127] Partendo da: «LE STELLE NELL'ANNO 2000» secondo il catalogo celeste dell'Yale University Observatory 1964 e stabilendo il rapporto scalare con la nostra Sfera terrestre, scopriamo che molte sono le antiche città orientali poste sotto ..."*Una Buona Stella*"..... infatti le città: *TÁ JZZ, SCHAHPŪR, SUSA, ECTABANA, UR Ed ERIDU, BABILONIA, QASAR ĀMIJ, KHIRBAT, DAMASCO, QASR AL AZRAQ, GERUSALEMME, TA JMÁ, AL GIZAH, BENIHASAN, MANFALUT, MEDINA, ASSUAN, ABU SIMBEL, NAPATA, LA MECCA, NAQA, ADULIS, SADDENGA e SESIBI, YENA* , si correlano in reciproca successione con: *CANCRO, distanza terra sole della Chiusura Cosmica, ECLITTICA, LEONE, VERGINE, 31LEO, IZAR di BOOTES, μSERPENS CAPUT, 36/37 e 29 di HERCULES, ηHERCULES e QUASAR adiacente, λHERCULES, 109 e 106 HERCULES, 21AQUILA, βAQUILA, γSAGITTA, β e εDELPHINUS, 59 CYGNUS, 35 e ν di PEGASUS, ζ di CEPHEUS, ν di PEGASUS, ANETEγ ALGENIB, ςPISCES, TORO, ε di CASSIOPEA, ξ di CETUS, ψdi TAURUS, CAPRICORNO, γ di VIRGO, β e ACRAB di SCORPIUS.* Questa descrizione sarà ripresa in dettaglio più avanti nella lettera del 10/04/89.

incontrare ηErcules e lambire Hercules29 e 36/37 e ritornare alle 16,40 nord.
A questo punto del viaggio, possiamo decidere di ritornare nella Terra e da qui, grazie al satellite orbitante Hubble Space Telescope, scoprire che le dimensioni e proporzioni dell'esagono fotografato sulla calotta polare di Saturno[128] (Il misterioso esagono fu scoperto dal telescopio spaziale nel 1990, ma pubblicato solamente nel periodo del 1992-1993) erano già state calcolate con matematica esattezza nel 6° libro nel mese di Dicembre del 1993.
Nello studio delle opere realizzate dalle remote civiltà, affiorano oggetti [129]lontani 25000 e più anni fa e tra questi si scoprono perfettamente incisi i parametri Cosmici del progetto, eseguito dall'Artista scultore.
Mi riferisco a due reperti di quel tempo d'inestimabile valore scientifico: "La Venere di Lespugue"[130] e "La Venere di Willendorf" appartenenti rispettivamente al I gruppo Pirenaico-Aquitano ed al IV gruppo Renano Danubiano.
Queste Opere d'Arte preistorica furono realizzate da Artisti che gli studiosi odierni definiscono "d'avanguardia", perché queste opere erano visibilmente diverse dalle altre ritrovate negli stessi territori. Gli studiosi d'Archeologia, potranno vedere nei disegni che ho scomposto con il "Codice", che in quei corpi litici è insito il "Codice Universale" che s'inserisce in rigida scala matematica, con i parametri della "Chiusura Cosmica".

---

[128] L'*esagono* misterioso posto sulla calotta polare di Saturno, richiederà molto impegno per identificarne la natura; ma le sue dimensioni erano già incorporate nella "Chiusura Cosmica" (il Disegno basilare sul quale si fondano i *Codici* di conversione matematica dettati da Cheope e Chefren) in perfetta scala matematica.

[129] Le *Veneri* di cui si fa riferimento, appartengono a epoche comprese tra 40000 e 25000 anni fa e vennero decodificate nel mio lavoro, in disegni realizzati nel Giugno del 1991 ed i loro punti cardinali della struttura architettonica, inseriti nella "Chiusura Cosmica" che coincide in perfetta scala matematica, con la scala dell'Asia Anteriore, secondo la proiezione conica equidistante di Delisle, nella scala 1 a 12000000 riportata nel *Grande Atlante Geografico De Agostini*.

[130] Dai suoi riferimenti nella "Chiusura Cosmica", il suo ventre risiede all'interno del triangolo Sacro di $800/12^{mi}$ di lato e l'ho ridefinita simbolicamente "La Madre dei Cieli e della Terra".

"La Venere di Willendorf", ha inciso anche il termine usato nel testo «Aforismi e discorsi del Buddha» che si riferisce alla "Madre Santa che partorisce sul Fianco", secondo la Legge Universale che sancisce che questa è la "Madre dei Messia"!

Certamente per comprendere questo frasario, bisogna accedere ai disegni che lo rappresentano nella grafica ed ai testi sacri di riferimento.

......"Naturalmente ad ogni squarcio di Luce che si produce nella conoscenza delle Leggi che governano l'Universo, all'uomo spetta l'obbligo del maggior rispetto delle Leggi Universali che ci sono state tramandate nei millenni" [131].

Vi ho profuso un fiume di *frasi* e *numeri oscuri*?
Questa sequela di parole ci conducono dritti filati, al *nocciolo* della questione, senza alcun preavviso.
Questo modo d'affondare la *lama nel costato*, potrebbe servire a diradare la foschia che spesse volte s'addensa in quest'atmosfera posta tra lo scibile ed il trascendente?
Forse sì, d'altronde io possiedo le informazioni originali da trasmettere e non devo trattenerle oltre nei miei archivi.

Credo che l'insegnamento tramandatoci nei millenni si è *rafforzato* con Gesù Cristo l'ultimo Messia ed oggi, l'insegnamento consiste nel non commettere più in futuro il peccato della *bestemmia* contro lo Spirito Santo?

Ora che un velo s'è squarciato, se tacessi su quanto mi è stato dato di comprendere, sarei io il primo a cadervi con certezza in quel peccato?

Ai tempi di Galileo Galilei ad esempio, non fu facile esporre apertamente ciò che emergeva alla luce sulle leggi del Sistema Solare.

Le istituzioni non accettavano alcun cambiamento rispetto a quanto era nella...*tradizione*!

---

[131] Questo è il concetto che sta alla base della conservazione della specie umana, è il principale *Comandamento* che si apprende dallo studio dei testi Sacri giunti sino al nostro tempo, nella loro versione originale e provenienti da tutte le parti della terra.

3.6 Galileo Galilei ed il cielo.

Nelle epoche passate certi uomini illuminati furono posti sul rogo perché considerati posseduti dai demoni!
Anche Galileo Galilei fu condannato d'eresia da costoro! E tutto ciò accadeva quale manifestazione diretta della mala gestione del *potere temporale* operato dalle Istituzioni del tempo!
Ricordate gli scritti sapienziali e le parole di Gesù Cristo?
L'uomo nasce ignorante, ma è dotato d'intelletto e può apprendere gli insegnamenti. Dante Alighieri nel 1300, ci conferma che:

«...*non fummo creati per vivere come bruti, ma per apprendere virtù e conoscenza*...».

Il *danno umano* pare si nutra proprio attraverso la *presumenza* utilizzata nell'esecuzione del potere temporale dalle istituzioni.
Ad esempio, si può rammentare che Guglielmo Marconi fu accolto dall'Inghilterra che permise lo sviluppo immediato della sua invenzione, e solo svariati anni dopo gli furono riconosciuti i suoi meriti anche in Italia.
Generalmente le *istituzioni di potere,* antepongono ad ogni evoluzione della conoscenza, la necessità che essa derivi dai canoni preesistenti!
Un esempio a tutti noi noto, è la difficile impresa che toccò a Galileo Galilei per trasmettere la sua conferma che dimostrava la validità del sistema eliocentrico, condividendo appieno la scoperta di Copernico.
La tesi Copernicana determinò la riforma radicale dell'astronomia che doveva aprire la via alle successive ricerche e scoperte di Galileo, Keplero e Newton e produrre una delle più clamorose rivoluzioni nel pensiero astronomico e fisico, nonché nella visione generale del mondo.
Copernico dovette agire con gran cautela e nel 1505 pubblicò un manoscritto anonimo di sei pagine (Commentariolus) in cui affermava, senza prove osservative né matematiche, che la Terra si muove e che il Sole è immobile: tale scritto fu fatto pervenire nel millecinquecentotrentatrè a papa Clemente VII per saggiare le reazioni della Chiesa.

Se in Norimberga per Copernico non s'alzò la *mannaia*, per Galileo Galilei in Roma, essa scese su di lui rovinosamente.
Nel 1632 non vi fu alcuna possibilità di sfuggire alla condanna d'*eretico*. Costretto ad abiurare, fu condannato alla prigione a vita, pena commutata prima in isolamento assoluto presso il vescovo Piccolomini, suo antico allievo e amico, poi nella sua villa d'Arcetri.
Recentemente, verso la fine dello scorso secolo, le stesse istituzioni che lo condannarono alla prigionia a vita, riconobbero d'aver commesso l'*errore*, ma correva ormai l'anno 1992!
Questi eventi non potranno più ripetersi?
L'uomo ha acquisito una nuova coscienza?
Potrebbe essere, ma la coscienza dell'uomo e gli interessi corporativi non procedono sempre in coppia!
Il professor Augusto Conti[132] nel 1872 nel suo libro, "Galileo Prose scelte" riporta il contenuto di una relazione presentata da un suo amico in una conferenza a Ginevra dove emerge che l'uomo *forte* di turno è il Pascal:

«....*Il Naville, che io cito perché valentuomo e non sospetto, e perché di grande autorità, le cui opere vengon tradotte in tant'idiomi, e fra confessioni tanto diverse, da traduttori di tanta bontà e di non comune reputazione (rammenterò l'olandese Basting... oh voglia esso ricordarsi di questo suo lontano amico, e dell'Italia da lui molto nata), diceva in quelle Conferenze, ch'ei teneva in Ginevra e a Losanna, in tanta frequenza d'uditori, chiamata da i stesso un popolo, le seguenti verità:*

«*A tutti gli ostacoli per la diffusione della nuova dottrina, s'aggiunse una fra le più memorabili sconsigliatezze che ci narrino le storie della Teologia. I Teologi dell'Indice di Roma condannarono il sistema nuovo; caso non senza gravità, esagerata bensì oltremodo da passioni religiose. Molti credono, allorché il Copernico promulgò la sua scoperta, la Scienza stesse con esso, ma la Teologia contro*».

Ecco il romanzo di questa memorabile avventura, ma non è la storia. Udite queste parole, scritte intorno la metà del secolo XVI:

«*Non il decreto di Roma proverà che la terra sta immota, se avessimo costanti osservazioni che ne provassero il moto; ne tutti gli uomini la impedirebbero di girare, o a noi di girare con essa*».

---

[132] Dal libro «Galileo Prose Scelte», a mostrare il metodo di lui, la dottrina, lo stile. Quarta edizione stereotipa. Firenze G. Barbera, Editore 1872

> *Voi sentite la fiera libertà di quest'uomo che il decreto romano sicuramente non inceppa; uomo che tutti confessano grande in fisica e in matematiche, giacch'egli sia il Pascal.*
> *A suo tempo la scienza dubitava sempre sul sistema copernicano, e gl'intelletti più liberi cercavan più ferme osservazioni a dimostrarlo. Solamente dopo il Newton, il Copernico trionfò, La scoperta del Copernico, si promulgava il 1543, l'opera del Newton è del 1687; fate il defalco, e avrete 144 anni.* » (Le Problème du Mal, Étude philosophique; Lausanne, 1868.)

Com'è avvenuto anche in questa disquisizione, si constata che l'uomo tende a riporre in altri, le proprie responsabilità decisionali.
All'origine di questa tendenza è il tentativo d'evitare gli scontri diretti con il potere precostituito, in questo caso l'uomo forte chiamato in causa fu il Pascal!
Si ripete sempre lo stesso atteggiamento da millenni.
E' vero!
Quindi, non sta certo a noi profetizzare come reagiranno nel prossimo futuro, a questa nuova scoperta, gli uomini preposti al potere delle diverse istituzioni!
Galileo Galilei, era uno scienziato illuminato e non s'appoggiava ad alcuno per esprimere le proprie convinzioni!
Ci fu il suo predecessore Copernico che gli fornì le basi di quanto egli affermerà in seguito?
Certamente, nessun uomo fa tutto da solo!
Solo Dio ha potuto tanto!
Ma Galileo proseguì gli studi e le analisi, finché poté confermare le tesi del suo *compagno* d'astronomia e dei loro predecessori greci Ecfanto e Aristarco, che sin dai tempi antichi, sostenevano il sistema eliocentrico[133] in contrapposizione a quanto si consolidò nelle *gerarchie religiose* del sistema geocentrico[134] di Tolomeo!
Come s'espresse Galileo Galilei per comunicare i risultati dei suoi studi?

---

[133] Eliocentrico, il Sole è fisso ed i pianeti gli ruotano attorno.
[134] Geocentrico, errato presupposto tolemaico ove è la terra il centro immobile nei confronti del sole.

Fu fermo e risoluto, pur cosciente del suo futuro destino! Vi riporto il suo pensiero perché comprova l'esistenza del legame indissolubile tra scienza e religione e quindi umanità.
Ecco come trattò l'argomento nella lettera al Padre Benedetto Castelli il 21 Dicembre del 1613:

«Lettera al Padre Benedetto Castelli intorno al sistema Copernicano, e all'autorità scritturale in argomento di Fisica.

Ieri mi fu a trovare il signor Niccolò Arrighetti, il quale mi dette ragguaglio di V. P., onde io presi diletto infinito in sentir quello, di che io non dubitavo punto, cioè della soddisfazione grande ch'ella dava a tutto cotesto studio, tanto a'sopraintendenti di esso, quanto agli stessi lettori ed alli scolari di tutte le nazioni; il qual applauso non aveva verso di lei accresciuto il numero degli emoli, come suol avvenire a quelli che sono simili d'esercizio, ma bene l' aveva ristretto pochissimi; e questi pochi dovranno essi ancora quietarsi, se non vorranno che tale emulazione, che suole talvolta meritar titolo di virtù, degeneri e cangi nome in effetto biasimevole e dannoso più a quelli che se ne vestono che a nessun altro.

Ma il sigillo di tutto il mio gusto fu il sentirgli raccontare i ragionamenti ch'ella ebbe occasione, mercé alla benignità di codeste Serenissime Altezze, di promovere alla tavola loro, e di continuare poi in camera di Madama Serenissima, presenti pure il Gran Duca e la Serenissima Arciduchessa, e gli illustrissimi ed eccellentissimi signori Don Antonio, Don Paolo Giordano, ed alcuni di codesti molto eccellenti signori filosofi; e che maggior favore puol ella desiderare, che il veder Loro Altezze medesime prendere soddisfazione di discorrere seco, e di promovergli dubbi, di ascoltar le resoluzioni; e finalmente restare appagate dalle risposte della Paternità vostra?

Li particolari ch'ella disse, riferitimi dal signor Arrighetti, mi hanno dato occasione di tornare a considerare alcune cose circa al portare la Scrittura Sacra in dispute di cose naturali, ed alcune altre in particolare sopra il luogo di Giosuè[135] propostogli, in contraddizione della mobilità della

---

[135] Giosuè ferma il sole. *Giosuè 10,12-14* ...Fu allora che Giosuè si rivolse al Signore, in quel giorno in cui Dio diede l'Amorreo in potere d'Israele, e gridò al cospetto di tutto Il popolo: o sole, fèrmati su Gabaon, e tu, o luna, sulla valle di Aialon! E il sole si fermò e la luna ristette, fino a che il popolo si fu

Terra e stabilita del Sole, dalla Gran Duchessa Madre con qualche replica ,della Serenissima Arciduchessa.

Quanto alla prima dimanda generica di Madama Serenissima, parmi che prudentemente fosse proposto da quella, e conceduto e stabilito dalla P.V. molto reverendissima, non poter mai la Sacra Scrittura, mentire o errare, ma essere i suoi decreti di assoluta ed inviolabile verità.

Solo avrei aggiunto, che, sebbene la Scrittura non puol errare, potrebbe nondimeno errare alcuno de'suoi interpreti ed espositori in vari modi, de'quali uno sarebbe gravissimo e frequentissimo, quando volessimo fermarci sempre sul puro significato delle parole, perchè così ci apparirebbono non solo diverse contraddizioni, ma gravi eresie e bestemmie; poiché sarebbe necessario dare a Dio mani; piedi, orecchie, e non meno affetti corporali che umani, come d'ira, di pentimento, d'odio, ed ancora talvolta d'oblivione delle cose passate ed ignoranza delle future.

Onde siccome nella Scrittura si trovano molte proposizioni, delle quali alcune, quanto al nudo, senso delle parole, hanno aspetto, diverso dal vero, ma sono poste in cotal guisa per accomodarsi all'incapacità del volgo, così, per quei pochi che meritano d'esser separati dalla plebe, è necessario che i saggi espositori producano i veri sensi, e ne additino le ragioni particolari perchè sieno cotali parole proferite.

Stante adunque che la Scrittura in molti luoghi è non solamente capace, ma nuovamente bisognosa d'esposizione diversa dall'apparente significato delle parole, mi pare che nelle dispute matematiche ella, dovrebbe esser riserbata nell'ultimo luogo; perchè, procedendo dal Verbo divino la Scrittura sacra e la Natura, quella come dettatura dello Spirito Santo, e questa come esecutrice degli ordini di Dio, ed essendo di più convenuto nelle Scritture accomodarsi all' intendimento dell'universale, in molte cose diverse in aspetto quanto al significato, ma all'incontro essendo la Natura inesorabIle ed immutabile e nulla curante che le sue recondite ragioni e modi di operare siano o non siano esposti alla capacità degli uomini, perlochè ella mai trasgredisce il termine delle leggi impostegli, pare che quanto agli effetti naturali, che o sensata esperienza ci pone avanti gli occhi o le necessarie dimostrazioni ci concludono, non in senso alcuno ad esser revocati in dubbio

---

vendicato dei suoi nemici. Questo non è forse scritto nel Libro del Giusto? Il sole si fermò in mezzo al cielo, né volse al tramonto per quasi un giorno intero. Non ci fu mai più né prima, né poi, un giorno come quello, in cui il Signore ascoltò la voce d'un uomo e combatté in favore d'Israele.

per luoghi della Scrittura, che avessino mille parole diverse stiracchiate; poiché non ogni detto della Scrittura è legato ad obblighi così severi, come ogni effetto di Natura, Anzi se per questo solo rispetto, di accomodarsi alla capacità degli uomini rozzi e indisciplinati, non s'è astenuta la Scrittura d'adombrare i suoi principalissimi dogmi, attribuendo all'istesso Dio condizioni lontanissime e contrarie alla sua essenza, chi vorrà sostenere asseverantemente ch'ella, posto da banda cotale rispetto, nel parlare anco incidentalmente della Terra o del Sole o d'altra creatura, abbia eletto di contenersi con tutto rigore ai ristretti significati delle parole, è massime pronunziando di esse creature cose lontanissime dal primario istituto di esse sacre lettere, anzi cose tali, che, dette e portate con verità nuda e scoperta, avrebbono più presto danneggiata l'intenzione primaria rendendo il volgo più contumace alle persuasioni degli articoli concernenti alla sua salute?

Stante questo ed essendo di più manifesto che due verità non possono mal contrariarsi, è offizio de' saggi espositori affaticarsi per trovare i veri sensi de'luoghi sacri concordanti con quella conclusione naturale, della quale prima il senso manifesto o le dimostrazioni necessarie ci avessero resi certi e sicuri.

Anzi essendo, come ho detto, che le Scritture, benché dettate dallo Spirito Santo, per l'addotte ragioni ammettono in molti luoghi esposizioni lontane dal suono litterale, e di più non potendo noi con certezza asserire che tutti, gl'interpreti parlino ispirati divinamente, crederei che fosse prudentemente fatto, se non si permettesse ad alcuno l'implegare i luoghi della, Scrittura, e obbligarli in certo modo a dovere sostenere per vere alcune conclusioni naturali, delle quali una volta il senso e le ragioni dimostrative e necessarie ci potessino manifestare il contrario.

Chi vorrà porre termini agli umani ingegni?

Chi vorrà; asserire già essersi saputo tutto quello che e al mondo di scibile?

E per questo, oltre agli articoli concernenti alla salute, e allo stabilimento della fede, contro la fermezza dei quali non è pericolo alcuno che possa insorger, mai dottrina valida ed efficace, sarebbe forse ottimo, consiglio li non ne aggiungere altri senza necessità: e se così è, quanto maggior disordine sarebbe l'aggiungerli a richiesta di persone, le quali, abbenchè ingegnosissime se parlino ispirate da Dio; chiaramente vediamo ch'elleno sono del tutto ignude di quell'intelligenza, che sarebbe necessaria non dirò a redarguire, ma a capire le dimostrazioni; con le quali le acutissime scienze, procedono; nel confermare alcune loro conclusioni[136].

Io crederei che l'autorità delle sacre lettere avesse la mira di persuadere agli uomini quelli articoli e quelle proposizioni che sono necessarie per la salute loro, e superando ogni umano discorso non potevano per altra scienza né per altro mezzo farsi credibili, che per la bocca, dello stesso Spirito Santo.

Ma che, quel medesimo Dio, che ci ha dotati di sensi, di discorso e d intelletto, abbia voluto, posponendo l'uso di questi, darci con altro mezzo le notizie che per quelli possiamo conseguire, non penso che sia necessario il crederlo, e massime in quelle scienze delle quali una minima particella, e in conclusioni diverse, se ne legge nella Scrittura, quale appunto è l'astronomia, di cui ve n'è così piccola parte, che non si trovano pur numerati tutti i pianeti.

Però se i primi scrittori sacri avessero avuto pensiero di persuadere al popolo le disposizioni dei movimenti de' corpi celesti, non ne avrebbono trattato così poco che è come un niente in comparazione, dell' infinite conclusioni altissime ed ammirande che in tale scienza si contengono.

Vegga dunque la P. V. quanto, se io non erro, disordinatamente procedano quelli, che nelle dispute naturali, e che direttamente non sono di fede, nella prima fronte costituiscono luoghi della Scrittura, e bene spesso malamente da loro intesi.

Ma se questi tali veramente credono d'avere il vero senso a quel luogo particolare della. Scrittura, e in conseguenza si tengono sicuri d'aver in mano l'assoluta verità della questione che intendono disputare, dicano appresso ingenuamente, se loro stimano, gran vantaggio aver colui che in una disputa naturale s'incontra a sostenere il vero, vantaggio, dico, sopra all'altro, a chi tocca a sostenere il falso?

So che mi risponderanno di sì, e che quello che sostiene la parte vera potrà aver mille esperienze e mille dimostrazioni necessarie per la parte sua, e che l'altro non puole avere se non sofismi, paralogismi e fallacie.

Ma se eglino, contenendosi dentro a'termini naturali, né producendo altre armi che le filosofiche, sanno d'essere superiori all' avversario, perché nel

---

[136] Dal Testo "Galileo Prose scelte" Augusto Conti Edizioni, G. Barbera Editore 1872, «Vedi accuratamente distinte le verità di Fede dalle verità naturali; e,altresì, le interpretazioni particolari dall'universale tradizione, quelle non definitive (come insegna pure San Tommaso), questa sì, perché della Chiesa universale».

venir poi al congresso por subito mano ad un' arme inevitabile e tremenda, che con la vista sola atterrisce ogni più destro ed esperto campione?

Ma se io devo dire il vero, credo che, essi sieno i primi atterriti, e che, sentendosi inabili a poter star forti contro gli assalti dell' avversario, tentino di trovar modo di non se lo lasciare accostare: ma perchè, come ho detto pur ora, quello che ha la parte vera dalla, sua ha gran vantaggio, anzi grandissimo, sopra l'avversario, e perchè è impossibile che due verità si contrariino, però non doviamo temere d'assalti che ci vengano fatti da chi si voglia, purché a noi ancora sia dato campo di parlare e d'essere ascoltati da persone intendenti, e non soverchiamente ulcerate da prepostere passioni ed interessi.

In confirmazione di che vengo ora a considerare il luogo particolare di Giosuè, per il quale ella apportò alle loro Serenissime Altezze tre dichiarazioni, e piglio la terza ch'ella produsse come mia, siccome veramente è; ma v'aggiungo alcuna considerazione di più, la quale non credo averle detto altra volta.

Posto dunque e conceduto all'avversario per ora, che le parole del Testo sacro s'abbiano a prendere nel senso appunto ch'elle sono, cioè, che Dio ai preghi di Giosuè facesse fermare il Sole, e prolungasse il giorno, onde esso ne conseguisse la vittoria; ma richiedendo io ancora, che la medesima determinazione vaglia per me sì, che l'avversario non presumerà di , legare, ma di restar libero, quanto al potere alterare o mutare i significati delle parole, io dirò, che questo luogo ci mostra manifestamente la falsità e l'impossibilità del mondano sistema Aristotelico e Tolemaico, e all'incontro benissimo s'accomoda al Copernicano.

1° Io dimando all' avversario se egli sa di quanti movimenti si muove il Sole? S'egli lo sa, è forza ch'ei risponda, quello muoversi di due movimenti, cioè annuo da ponente in levante, e diurno da levante a ponente. Ond' io

2° Gli dimando se questi due movimenti, cosi diversi e quasi contrari tra di loro, competono al Sole, e sono suoi propri egualmente? Ed è forza rispondere di no, ma che uno solo e vero, proprio e particolare, cioè l'annuo, e l'altro è del primo mobile in 24 ore ec., quasi contrario ai moti dei pianeti che rapisce.

3° Gli dimando con qual moto produrrà il giorno e la notte?

È forza che risponda, del primo mobile, e dal Sole dipendere le stagioni diverse e l' anno istesso.

Or se il giorno dipende non dal moto del Sole ma da quel primo mobile, chi non vede che per allungare il giorno bisogna fermare il primo mobile e non il Sole?

Anzi chi sarà, che intendendo questi puri elementi d'astronomia, non conosca che se Iddio avesse fermato il moto del Sole, in cambio di allungare il giorno, l'avrebbe scemato e fatto più breve?

Perché, essendo il moto del Sole al contrario della conversione diurna, quanto più il Sole si movesse verso oriente, tanto più si verrebbe a ritardare il moto con il suo corso all'occidente; e diminuendosi o annullandosi il moto del Sole, in tanto più breve tempo giungerebbe all'occaso[137]*: il quale accidente certamente si vede nella Luna la quale tanto fa le sue conversioni diurne più tarde di quelle del Sole, guanto il suo movimento proprio è più veloce di quello del Sole.*

Essendo adunque assolutamente impossibile nella costituzione d'Aristotile e Tolomeo, fermare il moto del Sole ed allungare il giorno, siccome afferma la Scrittura essere avvenuto, adunque bisogna che i movimenti non siano ordinati come vuol Tolomeo, o bisogna alterare il senso delle parole, e dire, che quando la Scrittura disse che Iddio fermò il Sole, volesse dire che fermò il primo mobile ma. che, accomodandosi alla capacità di quei che sono a fatica idonei a intendere il nascere o il tramontare del Sole, ella dicesse al contrario di quello che avrebbe detto parlando ad uomini sensati.

Aggiungesi a questo, che non è credibile che Iddio fermasse li Sole solamente, lasciando scorrere l'altre sfere; perchè senza necessità alcuna avrebbe alterato e perturbato l'ordine, tutto, gli aspetti e le disposizioni delle altre Stelle rispetto al Sole, e grandemente perturbato tutto il corso della natura: ma è credibile ch'ei fermasse tutto il sistema delle celesti sfere, le quali, dopo quel tempo della quiete interposta ritornassero concordemente alle loro opere senza confusione o alterazione alcuna.

Ma perchè già siamo convenuti non doversi alterare il senso delle parole del testo è necessario ricorrere ad; altra. costituzione delle parti del Mondo; e vedere se conforme a quella il sentimento nudo delle parole saria rettamente e senza intoppo siccome veramente si scorge avvenire.

Avendo io dunque scoperto e necessariamente dimostrato il globo, del Sole rivolgersi in se stesso, facendo una intera conversione in un mese lunare incirca per quel verso appunto che si fanno tutte le altre conversioni celesti ed

---

[137] Tramonto, Occidente, Ponente, parte dove tramonta il sole

essendo di più molto probabile e ragionevole che il Sole, come strumento massimo della natura, quasi cuore del Mondo dia non solamente, com'egli chiaramente da, la luce, ma il moto ancora a tutti i pianeti che intorno se gli raggirano; se, conforme alla posizione del Copernico, noi costituissimo la Terra muoversi; almeno di moto diurno, chi non vede che per fermare tutto il sistema, senza punto alterare il restante delle scambievoli rivoluzioni dei pianeti solo si prolungasse lo spazio e il tempo della diurna illuminazione, basti, perchè fusse fermato Il Sole, come appunto suonano le parole del sacro Testo.

Ecco dunque il modo, secondo il quale, senza, introdurre confusione alcuna delle parti del Mondo e senz'alterazione delle parole della scrittura; si puol con il fermare il Sole allungare il giorno Intero.

Ho scritto più assai che non comportano le mie indisposizioni, e però finisco con offerirmele servitore, e le bacio le mani, pregandole da Nostro Signore le buone feste e ogni felicità.
Firenze, 21 dicembre 1613».

Come ci appaiono oggi queste parole disperate di Galileo Galilei?
Dio potrebbe aver fermato l'universo?
Questa è l'ipotesi che *apparentemente* sostenne Galileo per *compiacere* pur suo malgrado, all'ordinamento precostituito.

Trascorrono i secoli ed i millenni, noi stiamo recependo che l'uomo è immutato ed è come c'insegnarono gli antichi egizi!

Galilei sacrificò gli anni della maturità della propria esistenza, sostenendo che l'uomo si deve evolvere all'apprendimento delle magnificenze del creato e che le verità della *Natura* non possono cozzare tra loro.

L'*arcano* oggi tanto temuto, scomparirà nel nulla ed in futuro sarà accolta la convivenza tra lo scibile ed il trascendente?
Mi sono allontanato dal contenuto di quella prima lettera inviata all'Amico compositore ed ora devo riportarvi qualcos'altro che compariva in quello scritto:

«...L'urlo dei bambini che giocano nel giardino sotto casa, oggi è alterato sgraziato, animalesco quasi felino.
E' povero d'armonia!

Anche il "grido" umano deve possedere un suo equilibrio tonale, invece ora lo odo tracotante di violenza.

Nell'uomo adulto, a quest'aggressività verbale, s'abbina un'ammorbante impotenza, ad attuare decisioni profonde, capaci d'affrontare con coraggio i grandi eventi difficili che oggi ci pervadono!

Dove si nascondono le energie vitali necessarie per attuare le azioni innovatrici profonde, capaci di lasciare un pezzo di mondo ai nostri successori? ...».

Secondo voi è questo uno scenario auspicabile per noi?
Si ripercorrono inavvertitamente sentieri oscuri che potrebbero trascinarci verso un terzo conflitto mondiale?

Cercherò di riallacciarmi al motivo che mi spinse a scrivere diverse altre volte all'Amico, per introdurvi gradualmente in quell'atmosfera che generò lo stimolo irrefrenabile per questa ricerca.

Come vi ho già descritto, realizzai alcuni *disegni radiestesici* sugli avvistamenti UFO nella mia città, e quei fogli mi ricapitarono tra le mani e mi stimolarono alla scrittura della missiva che di fatto precedette di pochi giorni l'inizio della scoperta.

Quella missiva era datata 20/01/89 ed esordiva pressappoco così:

«Caro Amico...

... gli spettatori applaudono la fine del primo tempo della tua opera ed io sto per raccontarti qualcosa di nuovo, qualcosa d'importante ed inedito della mia vita.

Al *fratello maggiore* [138] narrerò altri episodi della mia vita che ancor oggi non so intendere appieno, ma dei quali percepisco un profondo significato spirituale.

Gli anni settanta furono il grogiuolo alchemico dove tu hai sviluppato con impegno e dedizione il tuo estro creativo musicale ed io, ho fondato le basi per un dialogo che si riapre a distanza di poco più di un decennio.

---

[138] Così lo consideravo in quanto più anziano di me, filosoficamente invece, è inteso in senso religioso.

Allora, nel gennaio del 1976, dall'intimo si levò un pensiero che dolcemente mi guidava nella scrittura d'alcuni passi poetici legati al nostro cosmo[139]:

«La terra sempre brilla nel cielo,
ora compare un angelo ed illumina il buio celeste;
nero nel cielo, compare ora l'Angelo azzurro,
la vita è con Lui,
l'amore nasce e sempre vive ora ed in eterno.
Il tempo corre negli anni ed il cielo lo ferma sicuro, attimo per attimo.
Sogni lontani appaiono lontani ...e poi la Voce si fa cupa:
Grigiore intenso e nubi opache,
morbida luce penetrante e mancante di calore avvolge il mio animo,
creatura umana tutta,
presente appare come per incanto;
torbidi Cieli avvolti di Tenebrose acque pesano sull'uomo.
Grave è il suo passo,
attimo dopo attimo si rattrista il suo sguardo.
Il tempo corre e non lo fermi,
ora e sempre sfugge a te ed ai seguaci non sarà fine,
sino al principio di quei nuovi giorni.
Passato e presente si confondono,
volano alte le immagini,
chiare acque le affrescano nell'eterno divenire omaggio alla vita.
Tempi volati,
tempi passati,
secoli,
istanti,
millenni,
sono nel tuo pugno,
stringi e ti sfuggono, corri e li avrai.
Nel profondo del pozzo appaiono i tuoi sogni,
le tue immagini lì vivono;

---

[139] I personaggi citati alla fine del brano simboleggiano il dialogo sull'incalzare degli eventi celesti, ai quali noi umani non possiamo imporre di fermarsi. Il loro perenne moto c'impedisce la comprensione dell'evoluzione universale.

il regno loro è basso ed alto nello stesso tempo, prendilo là sfugge, qui dimora,
...ed alle nubi,
un importante compito!
Attimi di nulla di ora di ieri.
Sempre, quando corre il sogno nelle nubi lontane,
il pensiero lo conduci al Regno dell'Eterno Divenire.
Fermati, ogni passo è più lontano del momento che speri di trovare;
sfuggi a loro, loro ti sfuggono, dove sono ora?
Chi li segue?
Chi li ascolta?
Tempo fermati!
Dove corri?
Chi sei?
Dove vai?
Fermati ora e sempre resta in noi!
Attesa inutile la tua,
ora il tempo è finito,
ora il tempo è in "Cielo",
è fuori da te,
nell'olimpo degli attimi eterni.
Ora per ora si ferma l'istante!
Là troverai la serenità,
la convivenza, l'Amore, il Sogno Eterno!
Parole tante sono state dette,
ma ricorda che il giorno in cui parlerai sarà in festa tutto il paese, e volerà in cielo uno stormo di uccelli, fuoco con loro, calore,
vita;
attimi senza sosta .
Sono finite le Tue parole, ora parla con il mio cuore Gionata!
Domani sarà giunta la nostra ora con amore Marconio!»

Quella prima lettera terminava lasciandomi molta pace in cuore e, tempo dopo, la trascrissi sul mio diario, dove alla seconda pagina datata 23 Ottobre 1971 si legge:

«...Possedendo la situazione corrente
manca ogni alterazione di iper eccitabilità emotiva; consegue
la calma interiore.
La realtà poi,
assume altro aspetto,
ma permane la calma
perché la situazione del momento è posseduta.
Tacendo altri ciò che permette la comprensione di altrui desiderio,
ricadi in azione involutiva in te medesimo,
e solo da te deriva la successiva decisione.
Probabile forza assumerebbe l'azione umana,
se ivi fosse insito maturo comune conoscere delle umane genti,
sorta generalizzata nella comunità esistita e da venire.
Errore grande ed inevitato,
da mille menti deboli,
e vittime della loro stessa limitazione
esistenziale-biologica».

Come seconda pagina di un diario è certamente ermetica. Tuttavia ricordo che la scrissi a seguito di profonde lacerazioni prodotte dall'impatto tra il mio animo e la realtà di vita quotidiana[140]!

In quella lettera v'erano, anche alcuni appunti del mio diario nei quali si leggeva:

«...Dovrò ripensare al fenomeno dell'aumento del "rumore elettronico" apportato dalla presenza delle mani umane sui metalli, anche se opportunamente immersi in schermi magnetici.
Ricordo in quegli anni, come la bobina di filo di rame immersa in uno spesso schermo d'acciaio d'alcuni centimetri, aumentasse il proprio rumore elettronico, leggibile sull'oscilloscopio *"HP"*.

---

[140] Si intende in senso astrologico; ovvero la gioventù com'era allora per me, è ancora priva della debita esperienza di vita ed è più condizionata dagli influssi planetari.

Ciò si verificava solo avvicinando le mani mie, o dei miei colleghi e non certo avvicinandovi degli oggetti inerti!

Dovrò anche chiarire il fenomeno rilevato sul bilancino da laboratorio che mi starava la lettura di 0.1 grammi su 1 grammo.

Ciò accadeva solo perché toccavo il *pesino* con le mani direttamente od indirettamente con le pinzette.

Si trasferiva così un potenziale elettrostatico di 1800 Volt per piattello, come risultò secondo i calcoli basati sulla legge di Thomson.

Questo fenomeno elettrostatico, potrebbe in realtà avere qualche legame con la forza di gravità in funzione della superficie esposta a pari massa?

In un altro semplice esperimento accadeva che: il palloncino gonfiato esplodeva al contatto del suolo, quando in esso era contenuta della cenere di sigaretta, dopo averlo caricato elettrostaticamente. Il fenomeno dell'esplosione succedeva anche quando il palloncino lo caricavo elettrostaticamente con un panno di lana e poi lo sfregavo dolcemente con una monetina. La carica elettrostatica produceva un arco elettrico la cui energia era sufficiente a perforare il palloncino e quindi a farlo esplodere.

Acusticamente la frequenza di 440[141] Hz avrà una relazione con i suoni emessi dalla percussione delle conchiglie con quel «corpo cavo» ed il tutto con il «disco d'oro» dei principi delle civiltà precolombiane?

Quelle «conchiglie», quel «disco d'oro», da me tracciati in quegli anni, visti oggi a distanza di un decennio mi paiono come messaggi del *profondo umano*; essi sono stati ricavati *radiestesicamente* con gran purezza d'animo, essendo originati lontano da interessi ispirati al materialismo e, con grande rispetto devo considerarli!

Perché il mio inconscio disegnò quelle conchiglie sotto le indicazioni radiestesiche?

Non sono forse quelli i simboli della vita comuni all'homo sapiens?

---

[141] Nel 6° libro «Il Suono dell'Uomo» scopriremo dove si origina l'esatto valore della frequenza del LA al corista internazionale.

Proprio in quegli irresistibili frenetici giorni, scoprii che il simbolismo che più si presta ad esprimere la gravitazione è la «spirale» semplice o doppia.

Forse la misteriosa gravitazione, può essere ben rappresentata da quel simbolo che ha un inizio ed una fine e che si perde nella notte dei tempi?

Il simbolo della «spirale» esprime il concetto di evoluzione della Vita e la legge gravitazionale dei pianeti?

Forse l'unione tra un ritmo martellante ad un certo grado, colpiva la psiche d'uomini molto evoluti e con quello stimolo, essi eccitavano anche la materia e svilivano la stessa, dalla servitù gravitazionale imposta dal nostro Creatore per salvaguardare la purezza dei cieli?

> Perché oggi il suono della mia chitarra ha un eco tanto profondo?
> Perché quel suono mi pare tanto mistico?
> Dovrò studiare musica,
> per essere degno di quel suono?
> Dovrò essere meno istintivo e selvaggio e chinare la mia schiena per meritarmi quei suoni?
> Dovrò dipingere con purezza o meglio,
> essere un buon padre di famiglia... prima di tutto!

Ora il mio pensiero si posa su alcuni disegni degli anni *anteriori*[142], nei quali erano rappresentati i gruppi di famiglia nudi, inseriti nel nuovo corso della vita terrestre postumo alla grande Catastrofe!

In quelle figure dipinte, s'esprimeva la testimonianza di una civiltà scomparsa: la storia di un tempo che forse non tornerà.

Quella prova *tangibile* proveniva dalla presenza di una «sfera antigravitazionale» della quale gli uomini superstiti, si servivano per appoggiarvisi o sedervi.

In quelle apparenze proiettate su un piano astrale, gli umani erano rappresentati nell'adempimento d'azioni elementari quanto essenziali, quali il procurarsi la mela dall'albero oppure offrire i doni al loro dio.

---

[142] Intesi come l'espressione di un'epoca lontanissima, a noi sconosciuta.

Questi atti umani elementari avvenivano con la presenza di sfere antigravitazionali, ad esempio anche durante la lezione del saggio ai giovani scolari.

I bambini potevano anche sedersi su esse ed osservare dall'alto, il genitore intento a provare tra i ruderi il lancio di sfere metalliche con le quali gli uomini della precedente generazione, giocavano nei campi da... bocce.

Ora l'uomo si ripete[143] ed agisce senza capacitarsi di quanto sta accadendo nella terra in conseguenza delle sue stesse azioni.

Siamo in grado di distruggere in una manciata di decenni, ciò che la terra ha attuato in milioni d'anni?

Ora ho un *fratello* al quale rivolgerò la mia parola.

Racconterò con lo scritto ciò che la distanza c'impedisce di comunicare oralmente!...»

Cap. 4 Nel Magma Primordiale

- Il corpo e l'anima

Era il 5 Ottobre 1987, quando scrissi quella prima lettera all'Amico compositore e tra i diversi passi che la componevano si leggeva:

«...proprio in questi giorni è importante che ti parli.
Vivo in uno stato di particolare serenità interiore forse perché non mangio da tempo carne od altri intrugli della dieta industrial-cancero-associatiava o forse, perché sono intento a dipingere un quadro ed il mio stato d'animo è nuovo!

Ascolto in questi giorni d'intenso lavoro pittorico la fantastica di Berlioz, la Pastorale di Beethoven, le sinfonie o i concerti di Brahms, Schumann, Chopin e la tua musica, un nastro che raccoglie i tuoi primi tre album e una mia sonata per chitarra classica!

In questi ultimi tempi ascolto solo quei brani musicali che mi trasmettono un messaggio dello spirito umano, dove la costante

---

[143] Gira attorno alla macina come il somaro, senza percorrere nuovi sentieri di ricerca speculare.

temporale possa dileguarsi nel nulla e mi sia concesso di dilungarmi in riflessioni:... sul colore dei fiori che sto dipingendo, o sugli alberi, o sui panni appena stesi in un orto di Selvena.

Odo Schumann, che quasi mi fa piangere! Brahms che addolcisce ogni asperità, Strawinsky nella sagra della primavera, dove la percezione delle sue ombre, mi fa pensare a quel dramma di morte che sta pervadendo la natura!

In certi quadri, sono rappresentati i boschi ed i fiabeschi paesini della Maremma toscana, ed ogni sfumatura impressa alle foglie di quegli alberi li fa rivivere come quando erano immersi nel vento e nel sole che li illuminava!...

Il cadenzare del tempo, in questo progredire di moti della natura si trasforma nel ritmo di musiche soavi!

Nella tua musica, non percepisco la lordura della compiacenza fine a se stessa.

Sei anche tu vegetariano?

Il tuo spirito, non è aggredito dalla violenza dell'ultima angoscia fotografata negli amminoacidi dell'animale, durante l'atto di morte al macello?...»

Amici lettori, perché fui *attratto* irresistibilmente dalla musica di quel Compositore?

Alle domande che si pongono i bimbi, noi adulti rispondiamo loro, a volte con superficialità, ma loro avranno in ogni modo una risposta a quelle domande!

Alle mie domande chi risponderà?

M'interrogo a lungo senza trarne risposta alcuna!

Vibra il pensiero tra il cuore e la mente che s'origina nel *pozzo* del mio profondo essere.

Quando tutto sarà finito e ciò che doveva essere sarà stato, forse, solo allora mi sarà concesso d'intendere perché fui attratto da quel forte impulso soprannaturale, che mi spinse freneticamente a scrivere all'Amico che tanto mi affascinava, con la sua musica e parole?

Rifletto intensamente su quanto m'accadde:

perché da quel contatto s'evolse tutto!

Ricordo che sino ai primi anni 80, non ascoltavo nessuna musica!

Ero tutto immerso, nella ricerca scientifica, nella progettazione di sistemi tecnologici pertinenti alla scienza per la riduzione delle emissioni carboniche nell'atmosfera e d'un tratto, solo pochi mesi dopo, possedevo già una fornitissima collezione di dischi degli anni 70-80 tanto nutrita, da fare invidia al miglior collezionista!

Chi m'instradò tanto lestamente all'ascolto della musica moderna ed all'acquisto di quei dischi?

Sii, rammento perfettamente, fu mio cognato Aldo!

Egli asseriva che non intendevo nulla di musica, perché accozzavo più generi senza un filo conduttore che li unisse!

Associavo brani melodici a musiche da balera in tre quarti.

Poi con pazienza, per un certo tempo, lui mi trasmise le sue conoscenze musicali, sino ad indirizzarmi verso un livello d'ottima qualità che seppi sviluppare sino a giungere ai compositori classici, anche quelli più difficili come Shostakovich ad esempio!

Fu proprio Aldo a farmi sapere dell'esistenza del Compositore, al quale poi mi rivolsi giorno dopo giorno con le missive.

Adesso non m'interrogo oltre, ma presto o tardi mi sarà dato il modo di comprendere quell'inspiegabile susseguirsi dei miei incontri speciali, il costante ricongiungersi tra gli eventi che mi colpirono dai quali trassi in breve, il debito insegnamento.

Tutto ciò accadde per puro caso?

Tutto ciò che mi capitò e tutto ciò che mi succederà, risiede in una *dimensione* ed in un *tempo* che non sono individuabili nel calendario solare?

Attratto dai miei ricordi, poso di nuovo lo sguardo su alcuni fogli che stringo ancora tra le mani:

Il Maestro Luigi Costacurta, mi aiutò a liberarmi dall'aggressione della nutrizione iperproteica caratteristica del consumismo moderno.

Il suo «Decalogo dell'alimentazione», da lui elaborato grazie agli studi condotti su diverse popolazioni selvagge, mi riporta alla consapevolezza, il contenuto della Genesi dell'Antico Testamento:

4.1 I Patriarchi anteriori al diluvio.

«...*Ecco l'elenco dei discendenti di Adamo. Quando Iddio creò l'uomo, lo fece a somiglianza di Dio; li creò maschio e femmina, li benedì e quando furono creati li chiamò uomo.*

Adamo all'età di 130 anni generò a sua somiglianza, e secondo la sua immagine, un figlio e lo chiamò Set; e dopo aver generato Set, Adamo visse ancora 800 anni e generò figli e figlie. Adamo visse in tutto 930 anni, poi morì.

Set, all'età di 105 anni, generò Enos, e dopo aver generato Enos, visse ancora 807 anni e generò figli e figlie. Set visse in tutto 912 anni, poi morì.

Enos all'età di 90 anni generò Cainan, e dopo aver generato Cainan, visse ancora 815 anni e generò figli e figlie. Enos visse in tutto 905 anni, poi morì.

Cainan, all'età di 70 anni, generò Malaleel, e dopo aver generato Malaleel, visse ancora 840 anni e generò figli e figlie. Cainan visse in tutto 910 anni, poi morì.

Malaleel, all'età di 65 anni, generò Jared, e dopo aver generato Jared, visse ancora 830 anni e generò figli e figlie. Malaleel visse in tutto 895 anni, poi morì.

Jared, all'età di 162 anni, generò Enoc, e dopo aver generato Enoc, visse ancora 800 anni e generò figli e figlie. Jared visse in tutto 962 anni, poi morì.

Enoc, all'età di 65 anni, generò Matusalem; e dopo aver generato Matusalem, camminò con Dio, ancora 300 anni e generò figli e figlie. Enoc visse in tutto 365 anni, e camminò con Dio, poi non fu più veduto, perché Iddio lo prese.

Matusalem, all'età di 187 anni, generò Lamec, e dopo aver generato Lamec, visse ancora 782 anni e generò figli e figlie. Matusalem visse in tutto 969 anni, poi morì.

Lamec, all'età di 182 anni, ebbe un figlio, che chiamò Noè, dicendo: «Egli ci consolerà nel nostro lavoro e nella fatica delle nostre mani, voluta dalla terra maledetta dal Signore».

Lamec, dopo aver generato Noè, visse ancora 595 anni e generò figli e figlie. Lamec visse in tutto 777 anni, poi morì.

Noè, all'età di 500 anni, generò Sem, Cam e Jafet».

Che cosa significano quei numeri che esprimono l'età dei Patriarchi dell'Antico Testamento?

4.2 I Quattro punti Cosmici

La longevità è sicuramente possibile da quanto abbiamo appreso, ma quei numeri racchiudono forse un altro significato magari sconosciuto?

Si tratta forse di numeri intelligibili grazie ai parametri di conversione insiti nella «Chiusura Cosmica»?

A queste domande risposi analizzandone il significato matematico, utilizzando il codice di conversione delle tangenti di Cheope e Chefren ed i primi tracciati della «Chiusura Cosmica»!

Da quell'analisi ne trassi diagrammi e disegni che nominai: «I Viventi» che potete osservare nel disco digitale.

Il titolo racchiude il significato dell'esistenza dell'uomo nell'universo quale parte del Dio Creatore. I numeri rappresentanti, l'età d'ogni Patriarca fornisce l'origine del calcolo matematico che ne dimostra la diretta correlazione con i pianeti del sistema solare attuale.

Quei calcoli forniscono anche il riferimento con il «Triangolo Sacro», di lato pari ad $800/12^{mi}$ che si origina nella «Plutoniana» della «Chiusura Cosmica».

Lì si origina, come vi ho già accennato, anche il simbolo della *Croce* e della *Stella di Davide!*

Passavano i giorni e le scoperte s'accavallavano istante dopo istante ed io, ero stordito da quanto mi stava accadendo. Che cosa scrivevo all'Amico in quegli irrequieti giorni?

Era il 15/Febbraio/89 e nella missiva scrivevo:

«Caro Amico:
ti chiedo perdono per questo mio egoismo nei tuoi confronti!
Ti devo molto *fratello* e spero io possa esserti vicino se tu me lo chiederai.
...Il libro «I Faraoni, il tempo delle piramidi»[144], mi ha illuminato

---

[144] Edito da Burarte Rizzoli.

sulle dimensioni delle piramidi e sono andato subito a ricercare, se vi fossero coincidenze con il «Disegno[145]».

Il libro l'ho acquistato poco dopo la nascita dei primi Disegni e sono già arrivato all'argomento di "fuoco"....le piramidi! Cheope e Chefren sono inscritte al decimo di grado con i rispettivi vertici sui punti radiestesici 2 e 4; in Cheope si identificano anche tutti quei "Nuclei rossi" che sono il frutto di tutte le «Geometriche Coincidenze»; Chefren si ripete invertita e si forma il «Rombo»!

Naturalmente l'istinto è più forte della ragione ed anche se ho scritto angoli e misure, esse serviranno solo per dare l'intelligibilità al Tutto. L'istinto è già pago di tali immagini e non servono lunghe disquisizioni sulle intersezioni geometriche.

Le intersezioni e gli angoli che le generano, le circonferenze tangenti od inscritte od intersecatesi, dimostrano che questo è un Disegno dove le *coincidenze probabilistiche* non hanno ragione d'esistere.

Infine v'è anche l'angolo esatto di declinazione dell'asse terrestre di 23°45', dalla cui retta *rossa* nasce la perpendicolare che localizza il Nucleo di Cheope all'altezza «73».

Si ripetono con insistenza simmetrie geometriche dove le intersezioni sono originate dall'incrocio di almeno tre rette! E più il punto è importante più sono le rette che passano in esso, come ad esempio per il «grande Nucleo» ad altezza «73».

Si ripetono con insistenza angoli e lunghezze che anno un senso arcano: «81- 81.5 - 30.5 -73- 74- 77-154...?»

Al suono della tua musica s'armonizzano linee, curve ed angoli e non servono le disquisizioni geometriche per *Sentire*...!

...Succede poi che la lettura di certi passi biblici e la vista di quelle immagini egizie, mi trasportino in profondi brividi, nel timore per quell'immensa saggezza e purezza che da Essi traspira...».

Passarono pochi giorni e ed il 20 Marzo 89 gli riscrivevo:
«Caro Amico,
...Elena ha nove anni e nella sua innocente purezza mi illumina!...

---

[145] Troverete molte parole comuni che stranamente hanno l'iniziale maiuscola. Questo accorgimento inconsueto intende trasporre filosoficamente in esse, un'origine trascendente, seppur l'*oggetto* o la *cosa* in questione è realizzata con strumenti squisitamente terreni.

Quando gli chiesi cosa rappresentasse «l'Alieno» mi rispose che raffigurava la mia seconda pelle, poi c'erano le ossa e poi l'anima;

quando gli chiesi cosa rappresentasse il Disegno della «Grande Stella» mi rispose che figurava un "Immenso Animale" che sta per morire;

quando gli chiesi cosa rappresentasse il «Disegno dell'insieme delle piramidi» con tutti i tracciati e gli angoli e le distanze e le «Curve», mi rispose che: le piramidi erano solo un tramite per individuare «l'Evento» e che questo «Evento» è noto a Gesù, ma esso anticipa il tempo!

Quando gli chiesi cosa rappresentasse il Disegno delle «Due Terre», mi rispose che effigiavano il momento in cui il Tempo sta precedendo Gesù nell'Evento;

quando gli chiesi cosa rappresentasse il Disegno del «Fiore» mi rispose che il «Fiore» sarà proprio quello che racchiude i segreti che possono far girare il «Fiore» ed anticipare il Tempo dell'Evento;

quando gli chiesi cosa rappresentasse il Disegno «l'Astrale» mi rispose che esso era lo scheletro del «Fiore» che dal punto centrale emette un potere grandissimo;

quando gli chiesi cosa rappresentasse il Disegno di «Cheope e Chefren» in prospettiva mi rispose che Esse riproducevano la fonte per individuare l'Evento.

Poi le chiesi cosa rappresentasse quella "Cosa" raggiante nel cielo e mi rispose che farà avvenire tra i Disegni, «Fiore», «Le due Terre», «l'Astrale», come una fecondazione; che farà andare al nocciolo l'Evento.

Caro Amico come vedi parlo con la voce di mia figlia, perché le mie parole varrebbero assai meno[146].

I disegni si sono sviluppati in sequenza vertiginosa il 17 Marzo: «Le due Terre» alle ore 10, dopo avere compreso la relazione matematica del diametro della terra secondo Cheope e Chefren;

«l'Astrale» alle ore 16.30, corretto il 18 Marzo alle ore 11.30, dopo avere compreso la relazione diretta tra la distanza della terra dal

---

[146] ...[4] Gesù disse: «Un vecchio che nei suoi giorni non esiterà a interrogare un bimbo di sette giorni riguardo al luogo della vita, vivrà. Giacché molti primi saranno ultimi, e diverranno uno solo» Tratto da: *Vangelo di Tomaso, «I Vangeli Gnostici»*, cura di Luigi Moraldi, pag.5.

sole;
«Le Terre secondo Cheope e Chefren» alle ore 17
e «Cheope e Chefren», per finire con i volumi in un'immagine solida, alle ore 18.15.

Sono stato "rapito"; non ho compreso perchè proprio la scala geografica 1:12.000.000 correli direttamente le misure astronomiche in scala decimale, facilitandomi di molto la comprensione del Disegno.

Esistono «Due Terre» secondo Cheope: una ha per centro La Mecca[147] e l'altra il punto radiestesico «1»; mentre i lati del «Grande Quadrato» sono il diametro della Terra secondo Chefren! Entrambe riportati sulla scala geografica 1:12.000.000.

La «proiezione polare» è stata un esercizio di geografia nel quale ho simulato il riferimento del punto radiestesico «1» quale oggi è l'ex polo Nord e la stanza di Cheope quale punto del prossimo impatto.

Questi miei giudizi forse sono dettati dalla mia *buia* coscienza che ricorre con insistenza nella mia mente.
Sono stordito e devo credere con fede in ciò che ho fatto; altrimenti rinnegherei la mia stessa esistenza e Colui che me l'ha concessa!

Ho sospeso il mio lavoro per fare quei disegni e la mia mente s'affanna! Ora, dopo averti tramandato questi Disegni ed averti confessato il mio stato d'animo, troverò un po' di pace e potrò dedicarmi al lavoro quotidiano?

... Ti ringrazio per avermi ascoltato e con grande affetto ti abbraccio...».

Cap. 5 «Il viaggio tra cielo e terra»

- Le città dell'Asia Anteriore e le costellazioni.

Nel viaggio tra le dimensioni il segno del tempo si dissolve e d'un tratto era già notte!
E d'un tratto era già Giorno!

---

[147] Questo fatto è sconvolgente: il simbolo vibra in assonanza indiscutibile con quanto accade in quel luogo di peregrinazione!

Era il 10/Aprile/89 e gli riscrivevo:

« Caro Amico,
...la tua musica suona e mi porta lontano!
Atterra un'astronave di vibrazioni invisibili, di suoni impercettibili...
In quel disegno v'è tutto!
Anche la luna,
"quattro" distanze dalla terra,
poi v'è l'arco dell'anno Egizio di 360+5 giorni,
poi v'è la circonferenza dell'anno Egizio di 365 giorni,
poi v'è Sirio con la sua seconda stellina che gli orbita attorno e compie una rivoluzione ogni 49,98 anni!
Bruno il giornalaio, amante della fotografia, aveva conservato nel retro della sua bottega anche quel magico «numero 8» dell'Astronomia del 1981.

Ora l'orbita ellittica di Sirio B su Sirio A si manifesta come un regolo che ruota nel centro radiestesico «1», oppure nel centro del «grande quadrato» e ruotando indica posizioni a me arcane, perchè io sono ignorante e non conosco alcunché su calendari astronomici, sugli spostamenti delle stelle nella «Curva» celeste negli anni.

Non sono un professore d'astronomia né, un suo assistente, ed i messaggi che ricevo non riesco a decifrarli. Sono *guidato* dall'intuito e dallo studio coerente, sino a trovare legami e riferimenti che mi permettano di proseguire questo «Disegno» anche senza l'ausilio[148] della grande scienza!

...Ma poi chi potrà accedere a questi messaggi senza portar *fango* su essi?
Ora solo Tu puoi vederli e tenerli e poi chi sarà a stabilire cosa dovrà accadere, forse comprenderò altre logiche Cosmiche, oppure mi incontrerò con un astronomo *pulito* nel cuore?

Là, nella valle dell'Eufrate tra Uruk ed UR ed Eridu, luccicano le stelle di Hercules e del Serpens Caput, di Bootes. E' ad Ectabana che v'è tra la 36/37 e la 29 di Hercules, quel punto radiestesico, sulla mappa stellare, che mi anima: là, in quelle terre nasce e vive Gilgames.

---

[148] Inteso come motore primario. Seguiva sempre all'intuizione la verifica scientifica, ovunque era possibile attuarla.

Le 36/37 confinano con Ofiuco, ma sono già nella costellazione di Hercules e questa costellazione fa brillare molte delle sue stelle in molte città di quella terra Irachena e nelle vallate ovest Iraniane dove ora la guerra dilania!

E la stella di Sirio che non illumina oggi nessuna città cade sul confine Siriano Iracheno.

La matematica, la geometria egiziana correla tutti gli elementi Cosmici!

Cheope sancisce regole e dimensionali universali, lunghezze, distanze, orbite, tempi ed eventi astrali!

La magia d'infinite plurime intersezioni geometriche, tangenti, sulla geografia di quella Terra lacerata oggi dal sangue, si proietta nell'insieme Cosmico e diventa intelligibile con quel «Regolo Cosmico» dove ha per centro Sirio!

Caro Amico, tu segui giorno dopo giorno l'evolversi di questa *manifestazione* per la quale io paio uno *strumento* ed un *servo*?

Tu sei il mio *fratello maggiore* al quale devo trasmettere queste immagini che si fondono anche nella tua anima e ...risuonano con le tue musiche?

Ofiuco ed Hercules sono confinanti ed il mio riferimento a queste stelle quali appartenenti ad Ofiuco era sbagliato! Tuttavia, è proprio in quel *confine astrale* che qualcosa mi fa vibrare il cuore! Nell'esatto punto radiestesico non compare alcuna stella sulla mappa stellare! Bensì Ectabana sulla terra.

Tra i due emisferi astrali Nord e Sud, le stelle trovano molte città da illuminare!

Polo Nord
Nell'astrale del polo Nord vi sono queste coincidenze tra le antiche città e le stelle:

ORE	LOCALITÀ	COINCIDENZE
6	**Ta'Jzz**	Cancro, distanza terra sole, eclittica.
8.10	**Camera di Cheope**	a –25,5 m. tangente all'eclittica, Leone.

10.07 **Incrocio base Cheope con l'altezza di Chefren** con la circonferenza di raggio 133 mm, con il raggio della stessa a 23°45' rispetto all'asse di declinazione della terra con centro la Mecca, coassiale con la camera di Cheope a +30/35 m. Vergine, 31 Leo.

13.30 **Speculare del Punto Radiestesico 4** Distanza terra sole, coassiale con l'isola di Al Bahrayn, ritardato di circa 8 minuti rispetto alla camera di CHEOPE all'altezza 73.

14.40 **Speculare di Shahpur** Tangente al lato 2-4 dei punti radiestesici speculari, Izar di Bootes.

16 **Speculare di Susa** Tangente al lato 2-4 dei punti radiestesici speculari, μSerpens Caput.

16.30 **Speculare di Ectabana** Punto di forte richiamo radiestesico tra le 36/37 e 29 di Hercules[149].

16.45 **Speculare di Ur ed Eridu** ηHercules e Quasar adiacente.

17.32 **Speculare di Babilonia** Sul lato 2-3 dei punti radiestesici speculari λHercules.

18 **Speculare del Punto Radiestesico 1** Coassiale con il centro dell'eclittica.

18.28 **Speculare di Qasar Amij** 109 e 106 di Hercules.

19.17 **Speculare di Khirbat** 21 Aquila.

19.55 **Speculare di Damasco** β Aquila.

19.58 **Speculare di Qasr Al Azraq** γ Sagitta.

---

[149] Mi correggo rispetto alla mia del 20 gennaio scorso: le 36/37 non appartengono alla costellazione di Ofiuco ma, benché confinanti, appartengono ad Hercules.

20.31	Speculare di Gerusalemme	β e ξ Delphinus.
21.	Speculare Ta Jmà	59 Cygnus.
21.38	Speculare Al Jzah	"Sole" distanza terra sole secondo Cheope.
21.50	Speculare vertice delle proiezioni dei punti radiestesici 2-4-1-3	
	"Sole" distanza terra sole secondo	Chefren
22.20	Speculare area compresa tra Beni Hasan e Manfalut	
		35 e υ di Pegasus.
22.55	Speculare di Medina	ι di Cepheus.
22.38	Speculare di Assuan	υ di Pegasus.
24.02	Speculare di Abu Simbel	Ariete, γ Algenib.
1.17	Speculare di Napata	Tangente all'eclittica, ζ Pisces
1.50	Speculare di La Mecca	Toro, ε di Cassiopeia.
2.05	Speculare Di Naqa	ξ di Cetus.
4.05	Speculare di Adulis	ψ di Taurus.

Nell'astrale del polo sud vi sono invece queste coincidenze:

18   Ta'Jzz   Eclittica, Capricorno, distanza terra sole.
(x)   senza riferimento compare la η di Scorpius perchè mi anima radiestesicamente e la 36A di Ofiuco per simpatia con le già citate 36/37 di Hercules.

20.10   Come per le ore 8.10 già descritte al polo Nord tranne che si considera in questo caso il segno dell'Acquario. A quest'ora si considera il segno con maggiori riferimenti.

12.35	Saddenga e Sesibi sull'eclittica	γ di Virgo.
16.08	Yena	β e Acrab di Scorpius.
17.15	vedi (x) sopra	

Molte sono le antiche città orientali sotto...
"una buona stella"...
altre potrebbero essere state sotto "una buona stella", ma se questa si muove e si avvicina o si allontana dalla terra a velocità vertiginosa come Sirio ad esempio di 7.24 km al secondo, magari oggi, ha abbandonato l'antica città alla quale quella stella era stata dedicata da quegli uomini... *Primitivi*!
   Le geometrie spaziali richiedono profonda conoscenza scientifica ed oggi anche il ..."calcolatore"[150]!
Cielo azzurro nello sfondo dei Disegni, pace e serenità... e pochi giorni fa, è entrato nel mio ufficio un pakistano per vendermi disegni Egizi ed io ho comprato quello che più mi attraeva. Poi sulla rivista di Bruno del 1981 c'era quel disegno: lo «zodiaco egiziano»!
Quante coincidenze!
Quante stelle nel cielo!
Ti abbraccio con grande affetto».

5.1 Tecnologia e vita.

All'Amico narravo anche gli accadimenti del mio lavoro e spesso lo aggiornavo scherzosamente, su quanto mi stava capitando [151].

14/04/89
«Caro Amico:
...l'evoluzione del XX secolo e la *Quarta bestia con i denti d'acciaio* [152] hanno in comune la prerogativa di essere ingordi!
Non sono mai sazi d'acqua, terra, aria e carne!
   Certo è che il verme si nutre della mela perchè la sua vita ha il sopravvento sulla prima che lo nutrirà sino alla fine di se stessa.

---

[150] Quando ho svolto questa ricerca non disponevo di alcun computer.
[151] Fu lui a chiedermi esplicitamente, durante il nostro primo incontro, di scrivergli sempre perché gli piaceva sentire parlare di scoperte ed invenzioni!
[152] In questo caso, la definizione di Daniele, l'ho utilizzata per simboleggiare la nostra era tecnologica.

Quando il verme sarà sazio e la mela consunta, avverranno altre metamorfosi naturali, e della mela e del verme, non resteranno che poche particelle che si trasformeranno in altre vite.

Ora la *Quarta bestia con i denti d'acciaio* si nutre della terra e dell'acqua e dell'aria e della carne, ma da essa non s'originano metamorfosi vitali in *larva* prima e poi in *farfalla*, in essa s'interrompe l'anello della vita, dell'equilibrio delle origini degli organismi viventi e della loro rigenerazione.

...È stato un bell'*Esperimento Evolutivo* questo dell'Era Volgare e forse nel Cosmo tutto ciò non è durato duemila anni ma solo una frazione infinitesima di vita Cosmica!

Queste filosofie ...che leggo anche nel tuo pensiero Amico... sono proprie d'altri uomini a me sconosciuti e quando dentro il cuore, il dolore cresce, quando il tuo corpo ti diventa stretto devi aprire ad altri i tuoi pugni e sarà visto e sentito da altri, ciò che da essi scaturisce!

Sentiranno certamente coloro che cercano la distanza dalla *Quarta bestia con i denti di acciaio* se sarà concesso loro di assistere a questo *Esperimento Evolutivo*. Quelle parole tratterranno certi uomini con la pianta dei piedi ben saldi alla terra affinché il *Vento* della *Quarta bestia con i denti d'acciaio* non li travolga?

Le cose che vengono dette ora devono cogliere la *Quarta bestia... di sorpresa*?

Essa non se ne deve avvedere prima che quegli uomini abbiano potuto rinsaldare i loro piedi alla terra.

E' ovvio, che se esiste il *Su* esiste il *Giù* che gli opposti sono la Forza Cosmica del Creato e l'atto infimo dell'uomo può avvenire, solo se gli è concesso dal *Creatore* e solo con il *Permesso*, l'uomo può *vedere* la *Quarta bestia con i denti d'acciaio* e poter combattere contro essa.

...Forse in quei deserti *arabici* queste forze Supreme si scontrano e s'incontrano e quegli uomini, sono da queste forze spinti con impeto e determinazione verso *quella terra promessa*?

... E le *"masse di esaltati"* sono gli avamposti di quei turbinii dei venti?

Ti abbraccio con grande affetto».

La missiva così continua:

«...trasmetto all'amico Mario gli scritti sulle vicende dei *grandi respiri* e saranno ridette sul giornale della comunità parrocchiale del mio quartiere!

Quanta aria, con l'ossigeno dentro, respirano[153] *i nostri cavalli a quattro ruote?*

I nostri *cavalli meccanici* respirano come gli uomini e senza l'ossigeno non sarebbero in grado di avanzare, anzi *loro* più degli uomini hanno bisogno d'ossigeno.

Sennò non riescono a bruciare il combustibile e non bruciando questo, non si produrrebbe quel calore che a 1200-1500° Celsius è necessario a far *gonfiare* con impetuosa violenza la *povera aria* compressa dentro i cilindri.

Così ben gonfiata, può spingere con violenza sulla testa dei pistoni, trasmettendo così questa sua violenta espansione sotto forma di movimento e lavoro meccanico alle ruote.

Naturalmente anche nei *cavalli meccanici* c'è chi *respira* più aria e chi ne respira meno, c'è chi ne imbratta di più e chi ne imbratta meno.

Però, guarda guarda come sono ingordi d'aria e d'ossigeno questi *cavalli d'acciaio!*... sarà forse che per ogni cavallo meccanico occorra tanta aria quanta ne respira un cavallo a quattro zampe?

Noo!...non è così!
Che bel sogno sarebbe essere circondati da cavalli a quattro zampe, loro almeno si accontenterebbero di molto meno ossigeno per lavorare a dispetto dei loro moderni *colleghi meccanici*!

Vediamo un po' per benino com'è questa faccenda: quanta aria con l'ossigeno dentro, consuma il più piccolo dei nostri moderni cavalli meccanici a quattro ruote, quello che molto modestamente sviluppa al massimo *tutto tirato* 25 cavalli vapore.
Pochini vero?

---

[153] S'intende l'aria necessaria per il processo di combustione. La potenza dei veicoli moderni è superiore agli equilibri divenuti ormai ipercritici per la nostra atmosfera. Per spostare i veicoli si dovranno ridurre le potenze specifiche, anche perché funzionerebbero meglio le marmitte catalitiche ed i filtri catalitici del carbonio, essendo le temperature medie sufficienti ad avviare i processi di catalisi.

Oggi tutti vogliono almeno 70 cavalli vapore!
O meglio 100!
E perchè no, un brivido con i 200 cavalli vapore!

Eppure anche solo quel piccolo birbante di soli 25 cavalli vapore, pur così piccolo quando se ne viaggia tranquillamente alla velocità di 90 chilometri all'ora, per permettere ai quattro litri e mezzo di benzina di bruciare in quell'ora di viaggio, respira ben 63 metri cubi d'aria e la restituisce privata dell'ossigeno che essa conteneva avendola trasformata sotto forma di anidride carbonica, che come tutti sappiamo non è certo respirabile per l'uomo.

Allora se così stanno le cose per un così piccolo cavallino meccanico, chissà quanta aria respirano e per quanti uomini o bambini respirano quei grossi cavalloni quelli con tante ruote e con grossi rimorchi?

Hai Hai! Com'è ingordo d'aria con l'ossigeno dentro il *cavallone*!

Pensa che in un'ora alla velocità di 90 chilometri orari quel "cavallone" ne respira ben 1300 metri cubi!
Perbacco, perbaccone ma tutta quest'aria respirata dal *cavallone* in un'ora in cosa si trasforma?

Si trasforma quasi tutta in anidride carbonica e poi in altre sostanze... *puzzolenti*!

Certo è, che il vecchio amico dell'uomo a quattro zampe respirava molto meno di questi suoi moderni parenti d'acciaio; ma in tutti questi *profondi respiri* d'aria con dentro l'ossigeno l'uomo cosa combina?

Quanto respira nello stesso tempo di un'ora?
L'uomo respira ben 0.9 metri cubi all'ora di aria ed il suo bambino di 10 anni ne respira solo 0.4 metri cubi all'ora!

Ma allora ciò significa che in un'ora il più piccolo quattro ruote respira quanto 70 uomini ed addirittura 157 bambini di 10 anni!...

Perbacco, perbaccone tutto ciò pare quasi incredibile! Ma allora quei grossi cavalloni con tante ruote per quanti uomini e bambini respirano in un'ora?

Il *cavallone* respira per ben 1444 uomini ed addirittura per 3250 bambini!

...Ce ne deve essere proprio molta aria nel cielo per non far presto mancare l'ossigeno a...quel grosso cavallone d'acciaio...! Ed al piccolo collega a *quattro ruote* !»

5.2 Il «Creatore» e la terra d'Asia Anteriore.

5 Maggio 1989
«Caro Amico:
...molte volte vedi intorno a te l'infinito e vorresti descriverlo al Fratello !...
Ci vogliono quei fiori di quegli immensi prati per comporre le parole per il cielo!
Il tempo scompare nelle geometrie cosmiche dove si manifesta la perfezione del Creato ed ogni incrocio tra tempo, cielo, terra è vita o morte!
L'uno non è senza gli altri e là in cielo v'è la geometria perfetta e poi Lui l'ha riflessa sulla «Terra D'oriente» o forse sarà riflessa anche su altre terre!
Ma è là in quella terra di *lingua persiana* il principio e la *fine* ?
Ed ora se non ci fossi Tu a chi potrei dire ciò che in me non può restare?
Tu mi sei testimone; la nostra attuale esistenza, si fonde in quest'equilibrio cosmico e v'è bisogno d'*unità* in tutto ciò.
Tutti i pianeti del nostro sistema solare si riflettono in quelle geometrie perfette secondo Cheope, Chefren secondo i loro predecessori e secondo *Il Principe* in quella terra d'oriente e compaiono limpidi in ogni manifestazione di quel Cosmo Terreno.
Nella «Grande Stella» vi sono tutti i pianeti nei rapporti di Chefren e le veline ora le puoi sovrapporre a tutti i Disegni colorati e come per magia vi odi un'armonia geometrica che riporta ad un sogno!
«Il Creatore», forse *Il Signore* o *Il Principe Dei Principi,* è l'immagine umana del cosmo?
Quel Cosmo si manifesta in quella *Terra,* all'uomo della strada ed anche San Tommaso non credeva; ora io credo e mi stupisco.
Forse saranno prima cinque poi dieci poi cento ore della Tua musica ad avermi stimolato tutto ciò?

Caro *fratello* ciò che ci unisce non è per il possesso dell'uno sull'altro, ma è per la ricerca d'*unità* ?

In questo Cosmo, perché il mio cuore non può restare solo?

Molti uomini immersi nella caligine di questo secolo moribondo, percepiranno in loro le vibrazioni riaccese nel profondo del...*pozzo* ?

> Vite terrene,
> vite in carne,
> molte più nello spirito,
> molte più sono le forze arcane,
> loro sono infinite!

I nostri progenitori conoscevano Plutone il lontanissimo pianeta, sconosciuto alla nostra mente per millenni?

La sua rivoluzione[154] intorno al sole, la sua orbita sono scritte in quella Terra d'oriente:

> là nacque e visse Gilgames,
> là nacquero e vissero
> gli egiziani,
> i persiani,
> gli assiri,
> i sumeri,
> gli Ittiti,
> i Fenici,
> i Greci,
> gli Etruschi[155]!
> Là, v'era il popolo d'Israele!

E' la mia stupidità che mi fa pensare che il Disegno riflesso in quella *Terra* [156] non contenga tutte le nozioni del nostro sistema solare e forse anche della nostra galassia!

E' la mia ignoranza che non mi fa vedere ciò che c'è!

---

[154] Questa complessa grafica riporta in scala matematica i principali parametri del Sistema Solare ed è visibile nel disco digitale.

[155] Pare che la loro origine non sia esclusivamente mediorientale, ma come si dirà più avanti provenissero dalle terre, *renano danubiane* del Nord Europa e dell'attuale Baviera. Dopo aver raggiunto il mar Nero si stanziarono sulle coste di quella che fu chiamata Lidia, intorno al secondo millennio a.C.

[156] Intesa come l'Asia Anteriore.

La doppietta di Sirio è lontana anni luce da noi,
ma Loro,
Lui,
«Il Creatore»,
Il Signore,
il Principe dei Principi,
ha dato alla geometria di quella Terra d'oriente
i multipli,
i sottomultipli,
le equivalenze esatte basate sull'angolo con cui Sirio si avvicina alla terra di 21°48'5" alla velocità di 7.24 chilometri al secondo?
    Quell'angolo governa le geometrie astrali della «Chiusura Cosmica» che è sorta in quella Terra d'oriente.
    Sirio regola anche la posizione e la geometria della «Croce della vita» e sullo «zodiaco di Dendera», Sirio proietta sulla «Croce della Vita» la sua direzione sino alla Dea Iside Sothis dello zodiaco!
    Poi v'è un regolo costituito dalle barre in codice di
«7-8-9-10» e vi sono «nove triangoli equilateri» per formare un rombo, più due contrapposti quasi ad indicare un'Isola Cosmica.
    Io non comprendo quei Disegni e tutte quelle intersezioni *Perfette* sono come il *tocco sul petto* di San Tommaso, ma la verità già esiste tutta in quella *Terra* d'oriente!
    Se ora cancelliamo quelle rette,
le curve,
gli incroci,
gli angoli,
i punti e le tangenze,
non riappare forse quella *Terra* nuda?
Il nostro occhio vede solo la Terra nuda e non cosa in essa è rappresentato:
«Il Creatore»,
Il Principe dei Principi.
Il Cosmo ad immagine d'uomo il tutto è in quella *Terra!*
    Il Sinai, Gerusalemme e tutte le antiche città egizie, tutti quei mondi sono compresi in infiniti settori d'equilibrio, alcuni sotto l'impeto del Fuoco,
altri sotto la pace,
altri sotto l'accecante luce solare,

là, tutte le terre *vibrano* con grande vitalità ed è proprio da quelle terre che arriverà la *Fine* per l'occidente ormai *cieco* senza cane e senza *bastone*?

E la... *Quarta Bestia dai denti d'acciaio,* incomincia a sgretolarsi sotto quelle forze d'oriente?

Nel Disegno delle piramidi «Cheope e Chefren» v'è tutto quel Cosmo!

Chi lo direbbe?

Il fascino è grande!

I nuclei disegnati nelle piramidi sono i punti di congiunzione dei moti astrali ed essi appartengono al passato ed al futuro: quelle immense costruzioni racchiudono la *Sapienza*, tutte le sculture dell'antico Egitto sono frutto della *Sapienza* ed ora molti simboli del loro linguaggio eterno appaiono luminosi in quelle geometrie di quelle *Terre* d'oriente!...Ed «Il Creatore[157]» appare dall'unione di quelle rette e curve ed il raccordo tra esse origina *Il Principe dei Principi*, il *Cosmo ad immagine d'uomo*?

In questo Disegno non mi oso indicare i riferimenti geografici perchè deturperebbero quel volto; ma Esso va posto sui Disegni in tal modo che il centro del grande quadrato si venga a trovare sull'estremità inferiore della punta del naso, così tutte le curve si armonizzeranno!

Quand'ero fanciullo durante i miei sogni belli sospiravo:...è purtroppo un sogno, quando mi sveglierò tutto svanirà!

Ora quando le linee trovano le loro armonie con altri inaspettati punti di congiunzione, provo la stessa emozione di quei sogni; ma questa volta non è un sogno, è... Verità!

Chissà quanti altri Disegni dovrò comporre, ma ora non potevo più tardare Amico, devo mandarti ciò che ho fatto, così finalmente potrò andare a lavorare sereno sotto due autobus[158]. Sono

---

[157] Si tratta della prima versione di un simbolismo grafico nel quale s'esprimono le geometrie della «Chiusura Cosmica». È un simbolo, e nulla di trascendente sia ben chiaro! Tuttavia, quelle immagini trasfondono un profondo senso di rispetto, per tutto ciò che appare allo sguardo in quell'area dell'Asia Anteriore.

[158] Si trattava del montaggio di prototipi realizzati in seguito alla scoperta della tecnologia basata sul Quarzo Silice SiO_2 purissimo, capace di convertire il carbonio, contenuto nei gas di scarico sottoforma di micro particelle, in

felice perchè ciò che ho fatto l'ho riposto in buone mani e qualunque cosa dovesse accadermi Tu mi sei Testimone!
   Quanta pace emana «Il Creatore»!
   Ora ti abbraccio con grande affetto e ti auguro pace e serenità.

5.3 I Due Cieli.

Era il 31/07/89 ed una lunga missiva iniziava citando gli accadimenti quotidiani del mio lavoro e poi d'un tratto proseguiva in questo tono:

   «Sì!...6000 anni fa era tutto rigorosamente e matematicamente scritto e le «Tartarughe», lo «Stambecco», «L'Amuleto» ed altri certi oggetti che io non ho veduto parlano della grande Luce!
   Il rapporto matematico e geometrico, la precisione che da essi deriva altro non sono che la rivelazione e la rappresentazione a misura umana della perfezione del Creato.
Quelle dimensioni si ripetono da 6000 anni al decimo di millimetro ed oggi, anche sulla scala «1 a 12.000.000» dell'Asia Anteriore nella proiezione conica equidistante di Delisle;
giacché 6000 anni fa come oggi, v'era già tale proiezione e l'atlante geografico De Agostini Novara?
E se non c'era, fu forse stabilito in qualche ignota dimensione atemporale che un giorno ci sarebbe stata comunque quella tavola su quell'atlante?
Tutto ciò anche a costo di creare la... nuova era tecnologica al servizio *provvisorio* della *Quarta Bestia dai denti d'Acciaio* affinché da essa si giungesse a dimostrare con l'algebra e la geometria quanto l'uomo sia duro di cuore?
Fu stabilito che le proiezioni aeree al suolo della terra dimostrassero matematicamente quanto l'uomo non abbia lodato Dio per la magnificenza del Creato?

---

anidride carbonica. Pare che la Silice pura avvii questa reazione chimica a c.a. 150° C secondo la reazione del gas d'acqua e potrebbe essere usata anche nelle caldaie a metano od a gasolio, per ridurre drasticamente le emissioni carboniche riversate nei mesi invernali nell'atmosfera delle metropoli.

Quegli oggetti di 6000 anni fa ora ci aprono il cuore e ce lo presentano squarciato in un vassoio d'oro!
Cheope e Chefren ed i loro predecessori sancirono ai posteri i termini matematici del Creato, precedentemente a Loro tramandati!
Anche «Ubaldo[159]»
è perfetto al decimo di millimetro in quella Terra d'Oriente
ed anche il «Disco D'oro»
ed anche «L'astronave»
ed anche il «Verbo»
ed il «Risonatore»
e la «36/37 di Hercules[160]»
e la «Retta» che da essa si sprigiona e si divide il «Secondo Cielo»!
Ecco quindi che quei miei disegni radiestesici del 1974 si proiettano misteriosamente di là dal tempo apparente ed il loro confine scompare nei millenni!
Ora io esisto, ma in me esiste anche il passato remoto?
Esiste la «Memoria Cosmica» che la mia mente esteriore non intendeva, perchè è duro il cuore ed è comodo rinnegare se stessi?
Ciò che Tu vedi Amico, ti appartiene perchè tu *Fratello* sei nella la mia anima e so che tutti noi siamo dello stesso *luogo* e nello stesso *luogo* ritorneremo!
Anche il cielo si divide in due e così nasce nella costellazione di Hercules, vicino alle stelle «36 e 37» al confine con Ofiuco, l'origine della nostra esistenza[161].
Si trova lì il Grembo che ci ha generati?
Transita proprio per quel punto *Natale* la retta che divide la sfera celeste che si muove per Eta Scorpius, per Velox Bernardi e per Sirio!
Lì il cosmo si divide in «Due cieli»:
il «Primo Cielo» ed
il «Secondo Cielo»!

---

[159] Nome attribuito al volto dell'Alieno disegnato radiestesicamente.
[160] Corpi celesti appartenenti a quella costellazione.
[161] Si potrebbe supporre che prima che la terra divenisse ospitale per la vita, ciò fosse già avvenuto in altri pianeti?
L'inseminazione della vita fu operata dallo Spirito Santo?
In quel lontano universo sorse la prima vita illuminata dal Genio Divino?

Ora che mi è stato possibile vedere le costellazioni di Hercules, Ofiuco e dello Scorpione ora ho sentito, guardando in quel profondo cielo il richiamo dorsale della mia esistenza.
 Ho sentito il richiamo della primordiale *Madre,* della *Donna Feconda* che generò l'uomo e tutte le creature della terra nelle loro diverse forme evolutive!
Perché ho percepito tutto ciò?
Le antiche foreste primordiali, scomparvero[162] assieme ai dinosauri, perchè dovevano forse dar vita ad una nuova Era?
Dio desiderava una nuova natura a misura d'uomo più a lui confacente affinché l'uomo vedendola Lo lodasse?
Ma ora troppa parte di quella primaria vegetazione[163] è stata riesumata dall'uomo, troppa per giungere alla nuova era della *Quarta Bestia dai Denti D'acciaio*, più di quanto fu stabilito?
Guardando vicino alle stelle «36/37 di Hercules» e verso la «Eta Scorpius» dentro me, emerge il primo richiamo dell'esistenza: amo quel cielo, ma quella *Madre Feconda* è diversa dalle donne della terra.
Le donne della terra sono fatte a somiglianza nella loro essenza alla *Madre Feconda*?
La pace in terra è nell'armonia con quel Cielo nostro Creatore?
Il paradiso terrestre sarà quando l'amore tra gli uomini verrà consumato come un dono del *Grembo Materno Celeste* ?
Allora si udiranno le arpe del cielo,
il vento sarà l'alito di Dio
ed il fruscio delle foglie la presenza degli angeli,
il cinguettio degli uccelli sarà l'innocenza dello Spirito Creatore,
la «Tartaruga» lo scrigno di tutti i segreti della vita
e gli animali della terra i compagni diletti degli alberi e degli arbusti!
E' già su questa terra il paradiso terrestre!
Tu Amico m'ispiri ciò che io farò, ma le tue parole sapranno quando io non ti scriverò più?
Ciò che vedi è *Sacro*, solo tu adesso hai tutto ciò che io ho!
Molti uomini profanano, come «cani che gettano le cose dello spirito nel letamaio[164]»,

---

[162] Mi riferisco ad un grande sconvolgimento terrestre. Non avevo ancora scoperto il diagramma temporale dei cataclismi dal quale emergeva quello di 157 milioni d'anni fa.

[163] Oggi si trova sottoforma di combustibile fossile.

le immagini dell'Antico Egitto.
Essi non sanno che ogni scherno fatto a quelle immagini è contraccambiato con la *morte*[165] di molti innocenti?
Le leggi del Creato sono inviolabili!
Dio ha stabilito il *Su* ed il *Giù*
ed a Suo piacimento lascerà il Doppio quanto Egli vorrà,
e chi si fa scherno delle Sue Leggi,
del *Su* e del *Giù* provoca la *morte*[166] di molti innocenti?

Si perderà il messaggio Divino primordiale intorno alla XIII - XIV esima dinastia ed allora Mosè, verrà incaricato di trasmettere per scritto ciò che gli Egiziani ci hanno lasciato sotto forma di Simboli ed Immagini in perfetto rapporto geometrico con gli astri celesti riportati nella Terra d'Oriente, affinché non si perdesse la verità e Gesù Cristo ci ha confermata la Verità facendosi Uomo ed entrando nel profondo del nostro cuore!

Gesù Cristo ricorda il rispetto che si dovrà portare per il popolo Egiziano e per la Loro Sapienza!
E che nessun uomo può operare in nome di Dio!
Oggi i simboli pre-dinastici risalenti a 6000 anni fa sono la *dimostrazione*, sono le *ferite* nel petto che Tommaso toccò in Gesù Cristo!
Quei simboli scardinano alla base i miti dell'uomo della terra: quale scienziato non rinnegherebbe se stesso di fronte a quella perfezione

---

[164] Qui è ripreso il concetto Cristiano: *San Matteo, (7) Diversi precetti*, « Non date le cose sante ai cani, e non gettate le vostre perle ai porci, perché non le pestino coi loro piedi e, rivoltandosi, vi sbranino» Tratto da, *«La Sacra Bibbia» ediz. Paoline.*

[165] Questo aspetto drammatico dell'esistenza, troverebbe conferma nelle parole riportate dagli antichi egizi in proposito alla Piramide: «...Ecco la loro anima appartiene ad Onnos, le loro ombre sono allontanate via da quelli cui esse appartengono! Onnos è colui che sorge, colui che resta, colui che resta. Non verrà data la possibilità, a chi fa (male) azioni, di abbattere il posto del cuore di Onnos fra i vivi in questa terra per sempre, in eterno». Tratto da, *«Testi Religiosi Egizi» a cura di Sergio Donadoni, pag. 34.*

[166] Sarebbe in relazione con la: «bestemmia contro la SS. Trinità», di cui ci avverte Gesù Cristo? Tra questi due comandamenti: quello egizio e questo di Gesù Cristo, v'è un'innegabile somiglianza! *Vedi note precedenti.*

geometrica che grazie ai suoi calcolatori egli conosce soltanto da un pugno d'anni?
Come può l'uomo *dotto* non rinnegare se stesso di fronte alla Verità?
Essa brucia, arde nell'uomo debole e lo allontana da se stessa; se io rinnegassi me stesso dopo ciò che ho visto, dopo ciò che al mio duro cuore è stato concesso di vedere cosa resterebbe di me?
...Non è ancora dato che possa esistere solo il Su o solo il Giù e nel 1991 il Verbo vibrerà nel cielo e molti uomini lo sentiranno!...

Seimila Anni per noi, forse sono Seimila Ore per il Creato ovvero, poco meno di Nove mesi e poco più di Otto mesi.
La «Memoria Cosmica» è in «Ubaldo» ed il Suo volto sancisce che è senza tempo e perfetta, che il Disegno Puro non ammette sbagli nei rapporti dimensionali: entro un millimetro nella scala di «1:12.000.000 dell'Asia Anteriore», la Terra scelta da Dio a Sua immagine e somiglianza?
Le popolazioni arabe che seguivano, o vivevano parallele alle antiche dinastie faraoniche, sapevano in modo approssimato e verbale di quei simboli.
A loro non fu dato il compito di trasmetterli nella precisione Geometrica e Matematica, ma a loro giunse la matematica necessaria per tutte le future generazioni della terra!
La *Perfezione Matematica* nel simbolo toccò ai predecessori dei Faraoni ed a Loro[167], il Severo compito di non disperdere alcun particolare delle «Geometrie Cosmiche», del nostro sistema solare e d'altri eventuali corpi celesti a noi ancora sconosciuti.
A cosa serve oggi un viaggio sulla Luna?
A cosa serve oggi un viaggio su Marte?
Questi sono giochi orditi dal *Giù*, ma è stato stabilito che l'uomo sarà stordito, ubriacato e non sarà più in grado di capire ciò che ascolta e vedere ciò che guarda[168].

---

[167] Vedremo in seguito che anche alla civiltà Maltese spettò un compito analogo a quello egizio ed al pari, anche alle antiche civiltà dell'Asia Orientale.
[168] La ricerca scientifica è alla base dello scibile umano, ma non si deve limitare ad operare solo nei confronti di ciò che appare. Gli orizzonti dell'universo oltre che materiali, sono spirituali e molti simboli ci indicano una nuova via da percorrere tramite la ricerca razionale.

E questo sarà per tutte le cose volute dal *Giù*; sicché è iniziata la *Via del Mezzo* ed è stabilito che questa serve per portare una *Fine*?

Nel 1976 volevo conoscere il significato dei numeri e del tempo nella nostra vita ed a loro volevo affidare il mio pensiero e così mi rivolsi a me stesso e presto giunse il *Moto* che mosse la mia mano:

«... santoni parole di sempre parole di ora.
Ora che il tempo fugge raggiungilo nella tua mente,
respira profondamente,
parla in te stesso non ascoltare altre voci.
Corri dietro a quell'immagine che ti avvolge il capo non fermarti non sostare.
Guarda in alto,
ora in basso prega ad alta voce parole forti e potenti,
il tempo si fermerà.
Non correre oltre la siepe,
là c'è il fosso e dentro cadrai senza accorgerti di nulla.
Morrai nel nulla ed il nulla ti possiederà.
Ora volgiti e guarda la Verità è lì,
appare chiara,
è presente in te in noi nella vita stessa.
Parla al sole,
parla al cielo,
parla alle nubi,
loro ti ascolteranno e di te faranno colui che vorresti essere,
colui che il tuo cuore intende e vuole.
La natura ti possiede,
non isolarti pensa e conta.
Conta i numeri, sono vivi:
uno due tre sono eterni,
altri non servono: uno due tre.
Ora sai tutto,
impara bene la lezione e di me non avrai più bisogno né ora né mai...»

La missiva continuava con il medesimo incedere filosofico sino ad ora letto:

«Ora tutto ciò che era nel mio diario è anche tuo ed io straccerò quelle pagine ormai senza valore!
Nel foglio bianco della carta del mio diario prima che iniziassero le pagine in tratteggio era disegnato «Il Comando» che oggi, ho riprodotto ed allegato a queste parole.
Sul segno nel petto avevo scritto il numero «1» ed ora è su quel punto radiestesico nella Terra d'Oriente che quel Disegno s'adagia e s'armonizza, pur se in prospettiva, con gli astri celesti ivi rappresentati, con le piramidi di Cheope e Chefren e con la posizione di Sirio; tuttavia, in questo Disegno come in tutti gli altri v'è un'armonia completa in ogni *Segno* di quella *Terra* ed in ogni posizione...

5.4 Il bimbo e l'infinito.

...Ad Elena[169] ho fatto vedere quei Disegni ed ella mi ha raccontato questa favola:
«*...Molti anni fa il «Creatore» si era addormentato perchè nessun uomo lo pensava e con Lui la Sua Magia; Egli per propria natura è un mandato da Gesù Cristo.*
Un giorno però accadrà che la Natura della Terra vorrà ripulirsi ed allora con la forza della Sua Magia, rappresentata dal «Regolo» che è la Santissima Trinità che governa tutto l'Universo e quindi anche il mondo, risveglierà il «Creatore» e con Lui la Sua Magia!
Egli così risvegliato, pur non volendolo, girerà quella "Bolla piena d'acqua sporca" ed or che la Terra sarà girata il «Creatore» dirà agli Dei dello Zodiaco di Dendera di avvertire Gesù Cristo che ben presto lo venga ad aiutare a rigirarla riempiendola di acqua pulita!
E così sarà come fu per Noè ed è stata la Forza della chiusura dell'«Anello della Croce della Vita» a rigirar questa Terra, e quella Croce rappresenta la Memoria di Gesù Cristo e Lui sa che stiamo esagerando.
Il «Creatore» è uno Scrigno ed allora la «Croce della Vita» avrà l'«Anello chiuso» e la Terra sarà ripulita!»

---

[169] Stava per compiere 10 anni.

La missiva pareva eterna, non finiva mai e continuava ancora con lo stesso pathos:

5.5 Le Tavolozze da belletto e l'eternità.

...Guardando molte rappresentazioni intorno a me vedo che il volto umano *effigiato* nell'antico Egitto è in armonia con l'immagine del «Creatore»!
Quei *simboli* sono entrambe della stessa Origine ed anche noi proveniamo dallo stesso luogo?
Al pari è così, per molti uomini della Terra: il loro numero è grande però non è facile scorgerli perchè si confondono nella calca.
Nelle pagine fotocopiate 1-6 tratte dal libro *«I Faraoni Il Tempo Delle piramidi»*, puoi vedere come si presentano al nostro sguardo quegli *Animaletti* !
Le misure dell'altezza trascritte sul testo, mi hanno dato la possibilità di riprodurli perfettamente nella loro dimensione reale.
In questo modo ho scoperto che quelle cosiddette "tavolozze da belletto" racchiudono forse, il *Primo* esatto Messaggio Cosmico per noi umani della nuova Era!
Le ellissi che formano la base geometrica della loro struttura sono talmente perfette che io ho potuto riprodurle solo con il metodo grafico pratico[170] ed io, sono come noi tutti, un cittadino dell'evoluto XX esimo secolo!
Esse si adagiano o si ripetono nei Disegni della *Terra* d'Oriente e si rilevano scostamenti dimensionali assolutamente insignificanti rispetto ai parametri celesti!
Sulla *Terra* d'Oriente nella scala «1:12.000.000», un millimetro equivale esattamente a 12 chilometri, pertanto se l'estensione di quella terra racchiusa dai Disegni è di diversi milioni di chilometri quadrati è ovvio che errori di un millimetro quadrato equivalgono ad una imprecisione relativa infima e pari a qualche parte per milione!
Mentre le differenze relative ai singoli segmenti di misura possono raggiungere il due, due e mezzo per cento.

---

[170] Come già detto non disponevo di computer e tanto meno di programmi di calcolo e disegno.

All'atto pratico ciò che conta in una figura geometrica, è l'area compresa dalla figura medesima ed i molteplici riferimenti perimetrici.

Ed è proprio la precisione che deriva da questi confronti, la dimostrazione della presenza d'una *Sapienza senza Tempo,* non certo d'origine umana che fece plasmare agli artisti quelle opere scultorie!

Ad alcuni terrestri fu trasfusa la conoscenza migliaia d'anni fa, affinché essi potessero tramandare con estrema fedeltà quei *Messaggi* dell' Origine.

Ora è evidente che quella *Sapienza* è in noi, o meglio è stata immessa nell'animo forse di uomini prescelti e ciò sarebbe dimostrato alla nostra mente dal fatto che nacquero da un *comune mortale* [171] pochi anni or sono, quelle immagini che sono perfette al millimetro in quella Terra d'Oriente.

Io ebbi in dono il disegno, altri la musica, e altri ancora ebbero altri doni, ma loro sono a noi sconosciuti!

E' Importante, non rinnegare[172] ciò che scaturisce dal nostro animo profondo?

In caso contrario, potremmo incorrere nel peggior castigo nella nuova vita?

Il fatto poi che si constati che quegli "..Animaletti..." furono realizzati quando:

"...*non esistevano le proiezioni coniche equidistanti di Delisle e non si conosceva il diametro né le rivoluzioni di Plutone*...",

è certamente a dimostrazione che: tutto esisteva ed il tempo in vero, non esiste?

Oggi a noi umani si dimostra, utilizzando il nostro *metro*, quanto non abbiamo lodato chi ci ha generati?

Ciò che accadrà è nell'eternità della Sapienza Divina e nessun uomo può né scordarlo né uccidere in Suo Nome?

---

[171] Di certo io non sono un extraterrestre!!!
[172] Inteso filosoficamente come il rifiuto della nostra sfera spirituale: se deviamo dal cuore per adorare il *ventre* si tradisce il Dio che è in noi e probabilmente questo atteggiamento, andrà sia contro la vita in questa terra sia in quella futura.

Tutti i simboli che compaiono in quei Disegni sono gli stessi che si mostrano costantemente nella Bibbia, nel Vangelo e nei testi religiosi dell'Asia Orientale in forma di Verbo!

A quelle *Terre* fu dato il compito di conservare la Verità, e gli Scritti Sacri s'accordarono con i primi simboli di 6000 anni fa ed i successivi dell'Antico Egitto!

Ora tutto si ricollega ed all'arte fu dato il compito di trasmettere la *Verità* mediante quei Simboli ed in essa si trova la vera Sapienza!

Ecco quindi che gli Artisti e gli Artigiani sono al contempo scienziati e Servi della Sapienza dell'Origine ed a Quella, offrono inconsciamente le loro umili opere quotidiane.

Furono i grandi Sacerdoti Egiziani i detentori del Primo segreto?

È per queste ragioni appena espresse che l'arte figurativa Egiziana è priva di prospettiva?

L'immagine era *planare* affinché ai posteri fosse possibile estrarre con precisione matematica le dimensioni di progetto?

Forse è così perché gli Egiziani erano maestri della prospettiva, infatti, tanta era la loro scienza nella realizzazione di tutte le opere scultorie che noi al confronto siamo dei *primitivi* !

Quanto detto è dimostrabile osservando ad esempio, la statua del "Dio che regge il coltello", infatti, oggi dovremmo usare le più sofisticate macchine a controllo numerico e con l'ausilio di calcolatori programmati sui rapporti astronomici e sulla loro complessa grafica relativa!

Questo calcolatore di fatto non esiste ancora?

Parrebbe che i più sofisticati calcolatori astronomici moderni non siano assolutamente in grado di convertire il Cosmo, adottando i Codici di Cheope e Chefren!

Io ho ripetuto millimetro dopo millimetro quelle forme geometriche di 6000 anni fa ed ho rivissuto quel tempo che...*è oggi* !

Certo è un bell'enigma per il nostro schema di *super uomini* che tutto dominiamo con la nostra raffinata tecnologia...*bellica*!

Se ora entrassi in possesso di quelle pietre e le limassi o se le rompessi, forse scomparirei definitivamente da questa apparente dimensione e cosa m'attenderebbe dopo?

Per queste ragioni è sacrilegio profanare quegli oggetti della "Sapienza" e dell'antico Egitto utilizzandoli per i nostri fini del ..."rinnegato"?

«*Lo Scandalo è necessario, ma guai a chi sarà coinvolto nello Scandalo*[173]»...

ed è questa una legge Divina anch'essa scritta in quella Terra d'Oriente?

La lunga missiva procede con la descrizione delle scoperte avvenute elencandone i risultati:

1 «PLUTONE E LE RIVOLUZIONI»: 3/05/89,
l'ho fatto riprodurre su un unico foglio perchè è troppo bella questa Geometria per lasciarne un lembo su un foglio aggiunto. La fotocopiatrice ha commesso un errore di riproduzione in meno rispetto all'originale dell'1.04-1.05%; ma nell'insieme si può accettare lo stesso.

2 «L'ASTRALE»: 20/06/89,
ora come puoi vedere compaiono le direttrici del primo e del secondo cielo colorate in blu, le linee rosse sono semplicemente il transito per il centro essendo a volta celeste divisa in due semisfere ed avendo per comodità riportato tutte le linee sulla semisfera Nord (vedi riportata specularmente Gerusalemme). Quelle linee hanno origine

---

[173] La mistificazione o l'occultamento dei Messaggi che ci riconducono all'Origine ottenebra l'anima dell'uomo e può discenderne una sorta d'involuzione. Un riferimento a questo pericolo è riconoscibile nelle parole del Messia: *San Matteo 18.6 Contro lo scandalo,* «Ma se qualcuno scandalizzasse uno di questi piccoli, che credono in me, sarebbe meglio per lui che gli fosse appesa al collo una macina da asino e venisse sommerso nel fondo del mare. Guai al mondo per gli scandali! È necessario però che vi siano degli scandali; ma guai a quell'uomo a causa del quale viene lo scandalo!...» Tratti da *«La Sacra Bibbia» ediz. Paoline.*

dall'angolazione del moto di Sirio verso la Terra: 23°48'5". Si parte alle ore 16.40 dall'emisfero Nord presso le «36/37 di Hercules» al confine con Ofiuco e si procede sulle ore 3.36 Nord per transitare al centro e ritrovarsi alle 3.36 Sud e risalire verso le 16.40 Sud dopo essere transitati per Gerusalemme, υOctans ed ηScorpius; si dirige in diagonale verso Sirio sino alle 6.32 Sud, si ritorna al centro sino alle 6.32 Nord e si procede per Velox Bernardi alle 18.12, si risale in diagonale alle 3.36 Nord e si ritorna al centro e verso le 3.36 Sud, per ritornare alle 16.40 Sud e tornare dal lungo viaggio... passando per il centro verso le «36/37 di Hercules» alle 16.40.

Qui inizia e finisce il lungo viaggio!

3 «UBALDO» : 23/06/89, l'ho riprodotto con cura dall'originale radiestesico e tutto e tornato indietro nel tempo a 6000 anni fa... ed a chissà quale futuro!

4 «IL PETTORALE D'ETERNITA'» : 24/06/89,
questa immagine infonde amore materno, amore per il *Grembo Materno* della nostra Vita! (v'è un errore di fotocopiatura del 2.12% ridotto rispetto all'originale). Il fascino che quest'Immagine promana è grande!

5 «IL TRIANGOLO DENTATO» : 24/06/89,
leggermente diverso tra i bassorilievi Egiziani, a seconda se è dimensionato sul Cubito Sacro antico o su quello unificato da GIOSER pari a 0.524 che è al fine la semiellisse di Sirio B su Sirio A riportata tra i punti radiestesici 2 e 4 che è appunto di 52.5; oppure sul diametro della circonferenza dell'anno Egizio di 116,18. Le altre proporzioni toccano tutte le principali regole Geometriche del Cosmo riprodotto nella Terra d'Oriente su

entrambe i Disegni dell'«Insieme delle Piramidi» e della «Grande Stella». Questo simbolo è certamente il più prossimo alla Gerarchia Divina.

6 «L'ASTRONAVE»: 24/06/89,
riprodotto fedelmente dall'originale radiestesico esso si armonizza, oltre che nei riferimenti segnati, in tutta la Terra d'Oriente e con tutti gli *Animaletti* di 6000 anni fa! Anche questo simbolo è prossimo alla Gerarchia Divina e si ritrova nell'«Amuleto» ed in successivi ciondoli Fenici, in questo caso, senza il rispetto delle proporzioni geometriche.

7 «L'AMULETO» : 6/06/89
ingrandito rispetto all'originale sul rapporto della Luna secondo Chefren e quindi nella scala reale di 3.362/1, ripropone le origini e le forme dell'«Astronave» e gli occhi di «Ubaldo» e si colloca nel cuore dei Disegni dell'«Insieme delle Piramidi» e della «Grande Stella».

8 «LO STAMBECCO»: 27/06/89
la perfezione di questo Disegno mi stordisce! Si sposa con ogni Immagine dei Disegni e governa le rotte nella Galassia sull'«Astrale». Quale calcolatore potrebbe con così poche linee racchiudere un Cosmo d'intersezioni! Io son troppo piccolo per parlare con cognizione di tanta Perfezione.

9 «IL DISCO D'ORO» :
si armonizza su tutti i disegni. Volare è facile con... l'Energia Cosmica..! In quei Disegni vi sono rappresentati Tutti gli esseri del creato ed anche le forme dei manufatti che gli uomini foggiano! Tutto ciò che esiste è nei rapporti di quei Disegni

che altro non sono che la rappresentazione del Creato sulla terra!

10 «IL VERBO»: 29/06/89,
   questa frequenza è pari al diametro di Giove nei rapporti secondo Cheope; ovvero 181745. Si armonizza Ovunque.

11 «GENERATORE E RISUONATORE» :
   le chiocciole si vedono sul bassorilievo della Cappella Deposito di Sesostris I; mentre al risonatore non ho trovato una collocazione.

12 «LA TARTARUGA» : 4 /07/89,
   ellisse perfetta i cui fuochi sono sui punti radiestesici 1 e 3 con un errore del +2%. Non posso parlare, son troppo piccole le mie parole!

13 «IL MARE» .: 5 /07/ 89,
   in quelle onde ci sono i sottomultipli di Giove e di molti pianeti secondo i rapporti di Cheope. Nel 1991 l'orbita di Sirio B su Sirio A s'incrocia con il Verbo.

14 «IL SECONDO CIELO» : 8/07/89,
   la dolce Semi Metà del nostro Cielo...
   «Lo Spazio e il Tempo» : è ovunque...!

15 «LA TARTARUGA COSMICA» : 11/07/81,
   i fuochi dell'ellisse sono la diagonale dei sottomultipli del «Grande Quadrato» della «Grande Stella» con un errore dell'1.1%. Il cosmo è racchiuso nella «Tartaruga» ed è ovunque.

16 «LA TARTARUGA SACRA» : 15/07/89,
   la sua ellisse trae origine dall' «Isola Cosmica» del «Regolo» che è la rappresentazione della Santissima Trinità! Quel codice dei fuochi è forse musica Celeste e la somma da 73. L'errore dei

fuochi è del −0,38% e Chefren ce La ricorda nella semibase della sua Piramide: 107.4.

17 «LA TARTARUGA DELLO SPAZIO E DEL TEMPO»: 17/07/89,
    è ovunque ed anch'Essa riporta il codice sacro: «8.8.7.9.10.7.7.10.7 = 73»

18 «DIO CHE REGGE IL COLTELLO» : 27/07/89,
    tutto il Cosmo riprodotto nella Terra d'Oriente Lo dimensiona e rende l'uomo dominatore sulla Terra!
    V'è un errore di parallasse del +3.3% dovuto alla prospettiva fotografica, ma questo errore è principalmente accentuato verso le ginocchia. . Quale calcolatore e macchina a controllo numerico può scolpire la pietra nelle esatte proporzioni dei pianeti del sistema solare riprodotti secondo i rapporti di Cheope e Chefren in quella Terra d'Oriente? Il casco oltre che essere dimensionato da Nettuno secondo i rapporti di Cheope, è strutturato da una ellisse perfetta con eccentricità pari a 0.5, i cui fuochi sono in intimo rapporto con la posizione di Sirio. L'uomo come il cosmo e come l'uomo tutti gli esseri viventi della Terra, i cristalli, le leggi che governano la vita del Cosmo. Il coltello è l'arma è il dominio!

19 «IL COMANDO»: 2/08/89,
    non era stato disegnato radiestesicamente ma sotto "... comando..." certamente sì. Ora s'inserisce nel segno del punto radiestesico «1» ed anche negli altri e pur se in prospettiva trova esatti i riferimenti geometrici nell'«Insieme delle Piramidi» e nella «Grande Stella». Ora capisco perchè molti miei disegni fatti sotto... "comando"

sortivano apprensione[174] in coloro che li osservavano per la prima volta.

Ora tutto ciò che è mio è Tuo caro Amico!
Non so cosa capiterà domani, non è in mio possesso il futuro.
Dovrò sviluppare altri disegni; ma il seme è gettato e forse quella era la Terra che lo farà Fruttare?
Tutto ciò si è realizzato sotto preciso ...*Comando*... ed io ho rinunciato ai richiami della *Madre Delirante* ed ho vissuto con un sospiro e mi è stato insegnato cosa conta in questa Vita:
...il frutto che deriva dal nostro lavoro quotidiano altro non dovrebbe essere che lo strumento per permetterci di pagare il *pedaggio* in questa terra, per entrare nel Tempio[175] ?
Le scoperte incalzavano celermente e ritornavo a scrivere la sequenza d'altri *incroci* Cosmici.

---

[174] In ognuno di noi v'è il segno dell'Origine e riemerge alla coscienza solo in presenza d'un simbolo che lo richiami alla sfera del conscio. Ciò produce turbamento perché l'uomo tende ad occludere il percorso tra le diverse dimensioni occulte della propria esistenza.

[175] Noi stessi in corpo ed anima!
Riprendo il concetto Cristiano: *San Matteo, Il tributo per il Tempio,*
    «Giunti a Cafarnao si accostarono a Pietro quelli che riscuotevano le due dramme e gli dissero: «Il vostro maestro non paga le due dramme?» Ed egli rispose: «Sì certamente». Ma entrato in casa Gesù lo prevenne, dicendo: «Che te ne pare Simone?» I re della terra da chi ricevono il tributo o le imposte? Dai propri figli o dagli estranei?» «Dagli estranei», rispose. E Gesù a lui: «dunque i figli ne sono esenti. Tuttavia per non scandalizzarli, va' al mare, getta l'amo, e prendi il primo pesce che viene su; aprigli la bocca e vi troverai uno statere; prendilo e paga per me e per te». Tratto da *«La Sacra Bibbia»* ediz. *Paoline.*

    In queste parole di Gesù Cristo emerge il concetto d'antitesi tra materia e spirito. Il suo corpo è materia e per questo, deve pagare con il denaro che Egli non possiede. A Lui è dato altro compito: non di possedere il denaro, ma la materia esiste anche in Lui e non può essere cancellata in quella circostanza. Allora Lui, che con gli apostoli non possiedono il denaro, c'insegna che esso giungerà in aiuto da altre *materie*. Quel pesce che teneva in bocca lo statere altro non è che l'aiuto che l'uomo *ricco nella materia* deve porgere all'uomo *povero nella materia*. In questo modo s'equilibra il caos indotto nei viventi dalla *marasma* planetario. L'uomo *ricco nella materia* che non sostiene il *povero* è contro gli insegnamenti dei Messia di tutta la terra e di tutti i tempi e quindi egli vive nell'oblio.

14/11 89

«Caro Amico,
oggi è avvenuta la stesura della «Chiusura Cosmica » ed il «Disegno» è completo.
La «Plutoniana» s'inscrive da millenni in quella Terra ed i potenti telescopi e calcolatori della nostra era tecnologica, svelano per la prima volta quei diametri e dal museo Egizio di Torino s'illuminano quei «Due» reperti protostorici che ne dettano le dimensioni nella terra d'oriente al decimo di millimetro!
Ora s' è concluso il «Disegno» con la circonferenza dei «Reciproci» e con la circonferenza «Generatrice».
Non appena avrò ottenuto il permesso e condotto personalmente le misure di verifica sui reperti del Museo Egizio di Torino e non appena avrò tradotto tutto in disegni comprensibili, ti invierò il lavoro in copia...».

Trascorsero pochi giorni d'intensa attività e tornai a scrivere:

To 27/11/89

Caro Amico: ...eppure in questi ultimi giorni non volevo incontrare un nuovo dolore sul mio cammino e non miravo a *farse* di sorta ed intanto la ricerca si rinnova con travolgenti scoperte che ti elencherò subito!

L'amore spazia senza confini:
ora per la madre,
ora per il padre ed i figli,
ora per la donna del cuore,
ora per il fratello lontano,
ora per lo straniero in cerca di pochi danari per sfamare se stesso e la sua lontana famiglia,
ora per gli "ideali" dove in essi a volte v'è anche la verità!
Oggi nel cuore mi pulsa un fremito!
Non riuscirò a toccare con le mie mani quei reperti predinastici del museo Egizio di Torino prima che io concluda questa lettera?

Il Sovrintendente dovrà interrogarsi su ch'io sia e se la mia ricerca possa essere concessa o meno!
Il male è, quando v'è l'abisso tra gli esseri,
quando alcuni cercando la verità scoprono profondi crepacci d'oblio che si frappongono al loro passo!
Come può un vivente rinnegare se stesso pur di potersi coprire il corpo con la rete del tramaglio?
Quelle misure di quei reperti negli schedari originari sono centimetriche e ciò passi, perchè non si richiedeva una precisione più spinta in quei tempi, era infatti sufficiente catalogare in linea di massima il reperto.
Di fronte alla mia precisa richiesta di compiere di persona le misure mi si risponde trasmettendomi le misure storiche di catalogazione del reperto.
Perché non mi è concesso d'eseguire le misure più precise sui reperti?
La Sovrintendente del Museo Egizio, presto o tardi mi autorizzerà a rilevare le misure di persona ed a fotografare i reperti?
In questo modo mi sarà possibile completare anche i capitoli documentativi e storici di quei lontani...*attuali*... battiti di scalpello o fruscii tra selci e sabbia fine per levigare?
Toccherò con mano quella Sapienza per creare e presto finirò il lavoro e sarà anche bello allo sguardo?
Questa ricerca sta facendo cadere altri veli e così ho visto *oltre* ed ho *costruito* il «Disegno» affinché da esso prendesse forma e materia ciò che altrimenti per altri millenni il cuore umano non avrebbe potuto o voluto intendere.
Questo Dono concessoci è tanto grande da valer quanto l'eternità?
Una *parola* da Dimensioni lontane apre i sentieri verso la Luce e porta con se il Fuoco?
Il male ed il bene sono indivisibili e quindi da ciò vi sarà chi si danna e chi si benedice e vi sarà anche sangue e pianto?
Non saremo noi a stabilire cosa dovrà accadere, è già tutto scritto e noi siamo solo umili *servi*.
Tra noi umani v'è una sola apparente divisione che si esprime nella carne e quindi nelle nostre identità evidenti; se io non narrassi ciò che è emerso dal profondo dell'*Oceano Nettuniano* che cosa sarebbe?

Ora non è più un mio diritto il silenzio, ciò che è stato dovrò diffonderlo[176]!

Sanno del mio lavoro i miei cari, coloro che ho vicini nella vita quotidiana e molti amici.
Saprò vestire il *trascendente* di un abito visibile all'umano e molti potranno comprenderlo?
Con queste mie parole si potrà trasmettere in rapida evoluzione il lavoro in tutti gli angoli della terra immersa nel buio?
Ora che conosco il
«Quadrante Solare», ove sono registrati tutti gli eventi della terra nei millenni,
ora che conosco il legame tra il
"simbolo ed il Verbo" dagli antichi egizi all'Antico Testamento,
ora devo aprire le mani affinché io non sia come:

«...il cane accovacciato sulla mangiatoia che ne mangia lui ne fa mangiare i buoi [177]»

Tra noi, v'è l'unità dell'anima e dello spirito posti in diverse materie e la nostra stessa anima ed il nostro stesso spirito, sono comuni a molti uomini, ma essi sono celati al nostro sguardo perchè sono nascosti nella calca!
Molti uomini s'accomunano in quelle Luci, molti vi erano e si sono allontanati ed ora v'e un "Possente Comando" per molti uomini e molti pensieri apparenti saranno cancellati e molti pensieri celati, saranno vivificati e vi sarà il capovolgimento dell'energia primordiale dell'uomo?
Siamo catturati sotto il cielo e noi non possiamo trattenere nelle nostre mani ciò che non ci appartiene.

---

[176] Se ne sarò capace, ovviamente! La diffusione di queste scoperte può avvenire in tempi o modi a me totalmente ignoti, la mia volontà da sola non è sufficiente a garantire che ciò accada, occorrerà anche la cooperazione d'altri uomini.
[177] [102] *Gesù disse:* «Guai ai farisei! Sono infatti come un cane accovacciato su una mangiatoia di buoi: né mangia, né lascia che mangino i buoi». Tratto da *«I vangeli Gnostici», vangelo di Tomaso, a cura di Luigi Moraldi, pag. 19*

Chi profanerà quelle immagini riceverà il compenso secondo il peso Divino?

E chi vedrà in esse la continuità tra i primordiali messaggi Celesti e la vita d'oggi, troverà pace e la schiavitù apparente si trasformerà in suprema libertà dell'anima?

«...*il matrimonio nella camera nuziale terrena crea un uomo, il matrimonio nella camera nuziale dello Spirito genera Unità e quindi la Luce...*»[178]

Ora comprendo il legame tra gli eventi a partire dagli anni 70 e constato che tutto si è evoluto secondo un preciso disegno preordinato.

Anche i più banali intoppi e ritardi sembrano preordinati e di questo ne ho ampia prova infatti:

così come mi è stato ostacolato il lavoro, allo stesso modo non ho prestato attenzione alle misure di Plutone e Caronte, riportate sull'Astronomia dell'Aprile scorso.

In caso contrario a quel tempo, m'avrebbero sviato dalla definizione della fondamentale circonferenza, ora chiamata, «Plutoniana» che è alla base del «Disegno» stesso!

Infatti quella fatidica misura di «75.09» ottenuta dal diametro di Plutone di 5900 km, come era indicato nelle sintesi geografiche *De Agostini*, non l'avrei inserita nel «Disegno» e non sarebbe emerso il «Triangolo sacro» equilatero di lato prossimo a «800/12» e tutto il lavoro sarebbe stato incompleto.

Allo stesso modo non mi è stato ancora concesso d'effettuare personalmente le misure al Museo Egizio della mia città, perchè «L'anello di Vita» probabilmente è dimensionato sul raggio di Saturno secondo Chefren e non sul fatidico «75» com'è indicato sulla scheda dell'archivio e, così non avrei costruito il «Rombo Sacro» e la fatidica «Plutoniana» con Caronte al centro che corrisponde ai dati riportati sull'Astronomia n° 87 di Aprile 1989.

---

[178] Citazione d'ispirazione gnostica: [79] Una donna gli disse di tra la folla: «Beato il ventre che ti ha portato e i seni che ti hanno nutrito!». Egli rispose: «Beati coloro che udirono il Logos del Padre e lo custodirono veramente! Giorni verranno nei quali direte: "Beato il ventre che non ha conceptio e i seni che non hanno allattato"». Tratto da *«I vangeli Gnostici»*, vangelo di Tomaso, a cura di Luigi Moraldi, pag. 16.

Tutti gli eventi connessi alla mia esistenza paiono interattivi con altre *dimensioni* imperscrutabili dal mio conscio.
Anche il più remoto, piccolo ed apparentemente insignificante movimento, si concatena con quanto mi sta accadendo!
Ora devo descriverti i «Disegni» partendo dall'ultimo perchè mi *brucia* il cuore sino a che non te n'abbia parlato:
ero con il collega Matteo in ufficio e come sempre si parla del lavoro e del da farsi. Si parla anche degli Egizi, da un certo tempo a questa parte, e delle cose che accadono nel mondo!
Ad un certo punto durante il dialogo, ho intuito la probabile geometria di un *orologio cosmico* e l'ho descritta su due piedi al collega.
Ora quel disegno esiste e si chiama «Il Quadrante Solare» e rappresenta in dettaglio gli eventi della terra!
La codifica di lettura è uguale a quella che lega matematicamente tutto ciò che ha origine nel «Disegno», nell'antico Egitto, nell'Antico Testamento, nel Vangelo ed il legame che ne consegue, forma un tutt'uno con un'Unità *creatrice* ed allontana dal nostro cuore ogni tentativo inconscio di *divisione* [179].
La chiave di lettura sia del «Quadrante Solare» sia della Genesi Biblica te la scrivo su un foglio a parte affinché a me non resti copia scritta, perchè ancora non so quanto sia lecito ch'io diffonda tale *chiave primordiale*, se non in forma orale agli amici ed al *fratello* [180].
"...manoscritto..." [181]

---

[179] Il concetto d'eternità dello spirito dell'uomo, riportato nei diversi testi Sacri s'antepone alla tendenza umana di "dividere per dominare" allontanando l'uomo dall'Unicità del Creato: [72] *Un uomo gli disse:* «Di' ai miei fratelli che dividano i beni di mio padre con me». Egli rispose: «Uomo, chi ha fatto di me un divisore?». E rivolto ai suoi discepoli disse loro: «Sono io, forse, un divisore?» Tratto da *«I vangeli Gnostici», vangelo di Tomaso, a cura di Luigi Moraldi, pag. 15.*

[180] [25] *Gesù disse:* «Ama tuo fratello come l'anima tua. Veglia su di lui come la pupilla del tuo occhio» Tratto da *«I vangeli Gnostici», vangelo di Tomaso, a cura di Luigi Moraldi, pag. 9.*

[181] Oggi non ricordo più com'era quella "chiave" che apriva il segreto dei numeri dei Patriarchi Biblici!

Ora che hai letto i fogli aggiunti ti dico che ad ogni sacrificio che si compie, si aprono per intercessione Celeste nuovi squarci verso l'infinito!

Nelle vacanze estive ho lavorato con grande dedizione ed intensità ed ho rimesso a nuovo i vecchi umili mobili della defunta zia Laura che là in Selvena ha vissuto lunga vita.

Il legno era stato verniciato più volte negli anni e solo con la buona volontà e con il sostegno morale delle anziane vedove del paese che mi venivano sempre a far visita, sono riuscito a riportare tutto il legno dei mobili e della scala di quell'umile casa in pietra così com'era, quando il falegname li foggiò molti anni fa.

Succedeva che...ad ogni nuovo *apparire* della vena dell'antico legno di castagno, mi si rallegrava il cuore perchè anche in quel legno non v'è forse il Signore com'è sotto il sasso e com'è dovunque?

Il contraccambio è presto giunto: sono riuscito a disegnare[182] la
«Principessa Nofret»,
il cui capezzolo destro è nella congiungente a «33°» con Gerusalemme ed il punto radiestesico «1».

Poi ho trasferito i miei vecchi *disegni* di cui hai testimonianza: sulla terra d'Oriente ed ho iniziato con coraggio la stele votiva di
«Re Narmer I».

Da questa stele si sono squarciati altri veli che mi hanno portato alla definizione del
«Modulo Cosmico» di «4.76635...», dal quale deriverà successivamente, unito ai reperti del Museo Egizio di Torino, la

---

[182] La descrizione delle "entità cosmiche" che segue, è alquanto enigmatica a tutti noi. Le immagini relative però sono riprodotte nel disco digitale ed appaiono allo sguardo in forma geometrica elementare. La loro *impalcatura* è invece assai complessa e quindi, l'analisi di quelle strutture di progetto adottate dai nostri avi, spazia tra i diversi campi dello scibile sino ad oggi raggiunto.

Filosoficamente il nostro pensiero migrerebbe in un viaggio immaginario che lo trasporta senza intervalli temporali, dalle immensità tenebrose degli abissi oceanici sino alle astrali e gelide atmosfere Nettuniane.

Nella profondità degli abissi appariranno le immagini di esseri sconosciuti che turberanno il nostro animo, mentre nella gelida atmosfera nettuniana saremo colti dalla presa di coscienza degli *infiniti dimensionali cosmici* e dall'imperscrutabilità che li avvolge.

Agli scienziati il compito di analizzarne i confini entro la possibile *legge unificata* che governa l'Universo.

«Chiusura Cosmica» e la
«Plutoniana» con Caronte al centro.
Il sacrificio di trasposizione della stele votiva di
«Re Narmer I» che come vedi, è costruita sulle geometrie di
Giove,
del Sole,
della Terra,
di Marte,
di Nettuno e sulla
«Plutoniana», ha portato alla definizione ed ultimazione di ciò che era essenziale in quei «Disegni» nati nel Febbraio scorso di cui possiedi tutte le fasi evolutive!
Ora s'è chiusa grazie alla stele votiva di
«Re Narmer I» la
«Chiusura Cosmica» che è la matrice del
«Modulo Cosmico» di
«4.76635...» e del
«μ» e da essa derivano i tre
«Cubiti sacri» Egiziani.
Adesso le principali unità di misura *Primordiali* sono emerse e così si conosce che all'origine v'era il «Triangolo Sacro»
di lato prossimo al rapporto
«800/12»
dal quale deriverà il
«Cubito sacro» ed il sottomultiplo pari ad
«1/3» del
«Modulo Cosmico» e così, le Geometrie sono concluse.
Le tolleranze sul diametro di Plutone sono definite e si sancisce che: tra i vari rapporti cosmici definiti la "vicinanza all'Unità" è tale da rammentare gli stessi rapporti della
«Genesi Biblica»!
Dai disegni della
«Chiusura Cosmica» e dalla
«Grande Stella» emerge anche che esiste la «Generatrice»
e che il rapporto
«Uguale ad Uno» si ha solo nelle parole di Dio nella «Genesi Biblica» mentre nella
«Mediana» della

«Chiusura Cosmica» si ha il rapporto
«100μ» oppure
«100 Moduli»!
Dalla stessa geometria derivano i fatidici rapporti Universali di Cheope
«14/11» tangente di
51° 50' 33" pari a
«1.2727273...» e di Chefren
«4/3» tangente di
53° 7' 48.3", pari a
«1.3333333...» per condurre alla
«Generatrice» di
«365.78965»!
Da quest'ultima si genera il *modulo universale*, il «Modulo Cosmico» sottomultiplo di molti pianeti, sul quale si fonda tutta la Geometria della *vita* in questo Sistema Solare e forse sino a Sirio ed oltre?
Nella stele votiva di
«Re Narmer I» le diagonali sono caratterizzate dall'angolazione di:
33° 4' 41" - Gerusalemme - punto radiestesico «1» e stanza di Cheope a «73»,
dalle diagonali di 23° 37' 7" che rappresentano la *declinazione terrestre*!
Dalle diagonali di 21° 37' 7" che rappresentano l'angolazione di, *o prossima a*, Sirio!
E dal vertice della stele, v'è il
«Triangolo Sacro» di
«800/12» esimi.
Dall'evoluzione della stele sono nati
«I Sottomultipli Cosmici»
che traggono la generatrice dalla retta proveniente da Troia e che transita parallela al lato Est del
«grande quadrato»
alla distanza di
«47.75696...».
Da qui s'evolve una divisione in settori che portano al centro con il diametro di Caronte e si evidenzia il «Triangolo Sacro» con il vertice sul punto radiestesico
«1».

Dalle schede d'archivio del Museo Egizio di Torino ho tratto i disegni che dovrò in un secondo tempo perfezionare sulla base delle mie misure in loco,
«Due Regoli Dei Sottomultipli»,
«L'anello Di Vita» ed
«Il Rombo Sacro» dai quali è nata la
«Plutoniana» con Caronte al centro e Plutone che gli fa corona.
Questi sono praticamente i valori riportati sull'*Astronomia di Aprile* e coincidenti con quelli definiti dalla suddivisione de
«I Sottomultipli Cosmici».
Infine vi sono:
«Il Suonatore di tamburo», la
«Donna che versa il mais»,
«Il bimbo ed il gioco«,
«La Donna inginocchiata», la
«Donna in riposo»,
«Adamo ed Eva» che dimostrano come essi siano stati creati sulle Geometrie del
«Disegno» e come anche nel giocattolo tracciato radiestesicamente, rappresentante un *disco volante centrifugo* da gioco e denominato:
«La piccola girante centrifuga[183]», non sia sfuggito il vincolo costruttivo con la Geometria del
«Disegno» tracciato là in quella Terra d'Oriente.
In tutti i disegni ora troverai le dimensioni con molte cifre dopo la virgola e questo è semplicemente dovuto al fatto che ora le misure sono derivate dal puro calcolo matematico in funzione dei diametri planetari e non da rapporti fra grandezze dedotte dalla grafia tramite il righello.
I disegni che raffigurano i personaggi nella stele di «Re Narmer I» sono a loro volta originati dai riferimenti geometrici e matematici della

---

[183] Si tratta di un disco rotante che utilizza il principio della spirale di Archimede. Questa, posta in rapida rotazione, può creare la forza portante e propulsiva necessaria al volo del disco. Con il medesimo principio potrebbero essere stati costruiti, a partire dagli anni 50, dischi volanti sperimentali tutt'ora avvolti da segreto militare. Di tali dischi centrifughi trapelarono, nello scorso ventennio, alcune notizie mai ufficializzate.

«Chiusura Cosmica» e dalla
«Grande Stella».
In tutto ciò s'è constatata la presenza della costante temporale secondo la quale è l'ultimo evento che permette di comprendere il primo, infatti, per comprendere:
«le tavolozze da belletto»
di 6000 anni fa, era necessaria la scoperta della misura del diametro di Plutone e di Caronte che solo oggi, dopo millenni, è coincisa con il
124° anno
d'eclissi tra
Caronte e Plutone
e con i raffinati strumenti realizzati in questi ultimi anni d'intensa e smisurata evoluzione tecnologica!
Ecco quindi che gli anni ciclici d'occultazione di Caronte su Plutone sono riportati come elemento numerico fondamentale nella
«Grande Stella»
e dalla
«Plutoniana» che sono di
«123.59/123.66» anni;
sicché
124 anni fa non esistevano strumenti adeguati per conoscere... *l'ultimo*... e così si dovevano attendere gli anni
87/89 per avere quegli strumenti e far sì che oggi...*l'ultimo* sia diventato il *primo* infatti, al centro del «Disegno» v'è proprio Caronte!
Le Tappe riportate nel
«Quadrante Solare»
indicano che mancando una sola di esse non si sarebbe giunti al Disegno infatti:
se fossero mancate le
«Tavolozze Da Belletto», oppure
se fosse mancata la
«Stele Di Re Narmer I», oppure
se fossero mancate le
«Piramidi Di Cheope E Chefren», oppure
se fossero mancati
Mosè ed «I 10 Comandamenti» e quindi la

Legge di Dio, oppure
se fosse mancato
Gesù Cristo che parlava agli uomini, oppure
se fosse mancata la nostra era tecnologica con i suoi sofisticati strumenti *umani* oppure
se fossero mancati gli
UFO nel 1972/1974, oppure
se fosse mancata la tua musica, oppure:
se non fossi esistito anch'io in questo tempo, oppure
se fosse mancata la fede in
Dio nostro Creatore, oppure
se fossero mancati tutti i
Fratelli,
il «Disegno» non si sarebbe realizzato!
Ed è la nostra stessa ragione d'esistere il punto di partenza e d'arrivo!
Così tutto potrei bruciare e ripetere:

«...*beati coloro che credono senza aver visto...*» [184],

Ora Amico con amore ti abbraccio!

I° Manoscritto finito di scrivere il 29 Novembre 1989 alle ore 11 e qui termina il primo libro: «La Chiusura Cosmica» che è di fatto la 1^ Rivelazione[185].

Ho potuto eseguire questo lavoro grazie all'aiuto materiale diretto ed indiretto, spirituale e morale dei miei genitori antenati e parenti e di tutti coloro che mi sono ancor oggi amorevolmente accanto.

Pier Luigi Tenci

---

[184] Citazione d'ispirazione Biblica.
[185] Tutti i calcoli ed i disegni grafici relativi sono masterizzati in un disco digitale inviato a vari Istituti ed Università nazionali e d estere di Archeologia, matematica, astrofisica e chimica..

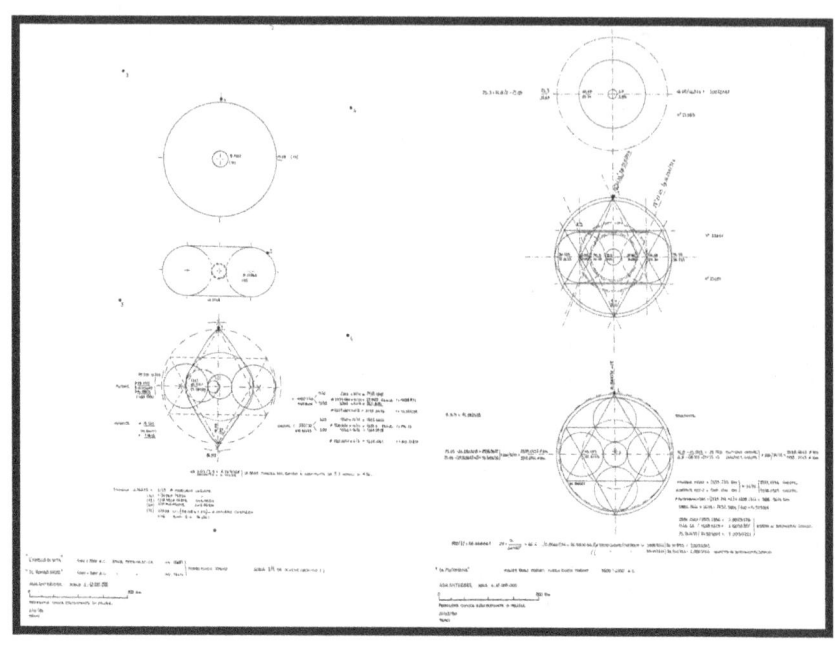

L'Origine della Stella di Davide dai reperti di 6000 anni a.C.

Indice

- 3 - Prefazione & Cronologia della scoperta dei Codici Egizi
- 23 - Cap. 1 - I cerchi nel campo di grano
- 29 – Cap. 1.1- L'Origine dell'Universo
- 85 - Cap. 1.2 - Nel Deserto : dalle acque di Meriba
- 96 – Cap. 1.3 - Il tempo delle scoperte Cosmiche.
- 101 - Cap. 2 - La festa delle fragole
- 103 - Cap.2.1- L'energia e la vita in questa Terra
- 107- Cap. 2.2 - Il buco stratosferico
- 111 – Cap. 2.3 - Il sogno di Daniele e la bestemmia contro lo Spirito Santo.
- 118 – Cap. 2.4 - L'insegnamento di Any e la nuova Era
- 122 – Cap. 3 - L'assemblea nel bosco
- 130 – Cap. 3.1 - Il codice genetico umano ed i messaggeri del Cielo
- 135 – Cap. 3.2 - L'ultimo Messaggero dell'Asia Anteriore
- 138 - Cap. 3.3 - Gli insegnamenti dell'Antico e Medio regno.
- 144 – Cap. 3.4 - I Testi religiosi Egizi
- 167 – Cap. 3.5 - Galileo Galilei ed il cielo
- 183 – Cap. 4 - Nel Magma Primordiale
- 186 – Cap. 4.1 - I Patriarchi anteriori al diluvio
- 187 – Cap. 4.2 - I Quattro punti Cosmici
- 190 – Cap. 5 - Il viaggio tra cielo e terra
- 195 – Cap. 5.1 - Tecnologia e vita.
- 199 – Cap. 5.2 - Il Creatore e la terra d'Asia Anteriore.
- 203 – Cap. 5.3 - I Due Cieli
- 209 – Cap. 5.4 - Il bimbo e l'infinito
- 210 – Cap. 5.5 - Le Tavolozze da belletto e l'eternità

Bibliografie

- AA. VV. (a cura di), *La Sacra Bibbia*, Paoline, Roma 1958
- Moraldi L., (a cura di), *I Vangeli Gnostici*, Biblioteca Adelphi, Milano 1984
- Bonelli L., (a cura di), *Il Corano*, Manuali Hoepli, Milano 1990
- Nack E., *L'Egitto E Il Vicino Oriente Nell'antichità*, Editrice La Scuola, Brescia 1981
- Màlek J., Forman W.,*Gli Egizi*, Istituto Geografico De Agostini, Novara 1986
- Nannicini G., *Museo Egizio Il Cairo*, Mondadori, Milano 1982
- Skira A., *Les Trèsors Des Pharaons*, Edition d'Art Albert Skira, Genève 1968
- Leclant J., *I Faraoni Il Tempo Delle Piramidi*, Bur Arte Rizzoli, Milano 1984
- Donadoni S., (a cura di), *Testi Religiosi Egizi*, UTET, Torino 1988
- Pereira J., *Manuale Delle Teologie Induiste*, Ubaldini Editore Roma, Roma 1979
- Robinet I., *La Meditazione Taoista*, Ubaldini Editore Roma, Roma 1984
- Tomassini F., (a cura di), *Confucio Opere*, UTET, Torino 1989
- Castellani A., (a cura di), *Lao Tzè La Regola Celeste*, Sansoni Editore, Firenze 1990
- Piantelli M., *Aforismi E Discorsi Del Buddha*, UTET, Torino 1988
- Zaehner R.C., *Il Libro Del Consiglio Di Zaratustra*, Ubaldini Editore Roma, Roma 1976
- Marazzi U., (a cura di), *Testi Dello Sciamanesimo Siberiano E Centro Asiatico*, UTET, Torino 1990
- Kluge M., (a cura di), *La Saggezza Dell'antico Egitto*, Ugo Guanda Editore S.p.A.,Parma 1990
- Grroslier B.Ph., *Indocina*, Il Saggiatore Milano, Milano 1985
- Seckel D., *Il Buddhissmo*, Il Saggiatore Milano, Milano 1986
- Conze E., *Scritture Buddhiste*, Ubaldini Editore Roma, Roma 1973
- Thompson S., Eric J., *La Civiltà Maya*, Giulio Einaudi Editore, Torino 1970
- Frith F., *Egypt And The Holy Land In Historic Photographs*, Dover Publications, New York 1980
- Baires J.- Malek J., *Atlas Of Ancient Egypt*, Phaidon Press L.t.D., Oxford 1984
- Laroche L. – Moore H., *Dai Sumeri Ai Sassanidi*, Milano 1971
- Ivanoff P. – Asturias M. A., *Città Maya*, Milano 1970
- Guidoni E. – Magini R., *Civiltà Andine*, Milano 1972
- Donadoni Roveri A. M. - Leospo E. - Roccati A., *Splendori Dell'Antico Egitto*, Novara 1985
- Huot J.L., *Iran I*, Parma 1969
- Stierlin H., *Architecture Universelle Maya*, Office the livre Fribourg, Fribourg 1964
- Stierlin H,. *Architecture Universelle Mexique Ancien*, Office the livre Fribourg, Fribourg 1964
- Miller M.E., *L'arte Della Mesoamerica*, Milano 1988
- AA. VV., *Storia Universale Dell'arte Africa America Asia*, Istituto Geografico De Agostini Novara 1991
- AA. VV., *Storia Universale Dell'arte Le Prime Civiltà*, Istituto Geografico De Agostini Novara 1990
- AA. VV., *Enciclopedia Omnia-©*, Istituto Geografico De Agostini Novara 2001.
- Kris E., *Ricerche Psicoanalitiche Sull'Arte*, Giulio Einaudi Editore, Torino 1967

- Sandars N. K., (a cura di), *L'epopea Di Gilgames*, Adelphi Edizioni, Milano 1986
- Tucci G., (a cura di), *Il Libro Tibetano Dei Morti*, UTET, Torino 1990
- Wilhelm R., (a cura di), *I Ching*, Milano 1991
- Steiner C., (a cura di), *La Divina Commedia*, Paravia, Torino 1960
- AA. VV., *Enciclopedia Galileo Delle Scienze E Delle Tecniche*, Sadea Editore Firenze, Firenze 1966
- Bosisio A.,*Testo Atlante Storico*, Antonio Vallardi Editore, Milano 1960
- AA. VV., *Grande Atlante Geografico De Agostini*, Novara 1988
- Yale University Observatory, *Posizione delle Stelle nell'anno 2000*, Berne 1987
- Moreau M., *Le Civiltà Delle Stelle*, Corrado Tedeschi Editore, Firenze 1975
- Malavasi C.,*Vademecum Per L'ingegnere Costruttore Meccanico*, Ulrico Hoepli, Milano 1962
- Andruetto G. Corio A., *Elementi Di Geometria Analitica*, Paravia, Torino 1956
- Palatini A. – Reverberi Faggioli V., *Elementi Di Geometria*, Casa Editrice Ghisetti e Corvi, Milano 1967
- Federico R., *Tavole Dei Logaritmi*, Lattes, Torino 1972
- Zampa P., *Elementi Di Radioestesia*, Giulio Tannini, Brescia 1941
- De France H., *Radiesthésie Et Connaissance Intuitive*, Paris 1969
- Kolosimo P., *Terra Senza Tempo*, Sugar Editore, Milano 1964
- Racket G., *Preistoria E Culture Primitive*, Arnoldo Mondadori Editore, Verona 1979
- Bernardini E., *L'Italia Preistorica*, Newton Compton Editori, Vicenza 1984
- AA. VV., *Enciclopedia Universo*, Istituto Geografico De Agostini, Novara 1966
- Bonanno A., *Malta Ein Archaeologisces Paradies*, M. J. Publications L.t.D., Valletta 1991
- Trump H., *Malta An Arcaeological Guided*, Progress Press L.t.D., Valletta 1990
- Gates C. B., *Catalytic chemistry*, John Wiley & Sons, Inc, Delaware 1991
- Lorenzelli V., *Elementi Di Chimica Organica E Inorganica*, Genova 1981
- Ghezzi U. – Ortolani C., *Combustione E Inquinamento*, Tamburini, Milano 1974
- Chiorboli P., *Fondamenti Di Chimica*, UTET, Torino 1989
- Boyd M., *Chimica Organica*, Casa Editrice Ambrosiana, Milano 1984
- Odone F. - Paltrinieri M., *Fisica*, Cedam Padova, Padova 1962
- Wilkinson C., *Chimica Inorganica*, Casa Editrice Ambrosiana, Milano 1980
- Greenwood N.N. – Earnshaw A., *Chimica Degli Elementi*, Piccin, Padova 1991
- Infeld L., *Introduzione Alla Fisica Moderna*, Editori Riuniti, Torino 1960
- Naso V., *La Macchina Di Stirling*, Esa Ro, Milano 1991
- Gray H.B. - Haight G.P. Jr., *Chimica Generale Ed Inorganica*, Cea Milano, Milano 1971
- Helsop R.B. – Robinson P.L., *Chimica Inorganica*, Piccin Padova, Padova 1970
- Nardelli M., *Introduzione Alla Chimica Moderna*, Cea Milano, Milano 1991
- Plane S., *Chimica*, Piccin Padova, Padova 1968
- Gasparini P. - Mantovani M.S.M., *Fisica Della Terra Solida*, Liguori Editore, Napoli 1984
- Alonso - Finn, - E. Gatti (a cura di), *Elementi Di Fisica Per L'università*, Masson S.p.A., Milano 1980
- I Ricercatori Del CNR e Dell'università, *Planetologia*, Newton Compton S.r.L., Roma 1978

- AA. VV., n°8, *L'Astronomia*, Edizione Media Presse, Milano 1981
- AA. VV., n°87, *L'Astronomia*, Edizione Media Presse, Milano 1989
- AA. VV., n°127, *L'Astronomia*, Edizione Media Presse, Milano 1992
- AA. VV., n°32, 33, 35, *Il Giornale dei Misteri*, I libri del Casato Editore, Siena 1973
- Falorni M. – Tanga P. *Osservare I Pianeti*, Milano 1994
- Conti A., *Galileo Prose Scelte*, G. Barbera Editore, Firenze 1872
- Hawking S., *Dal Big Bang Ai Buchi Neri*, Superbur Saggi, Milano 1990
- Asimov I., *Cronologia Delle Scoperte Scientifiche*, Edizioni CDA S.p.A., Milano 1989
- Sannia A., *Formulario Pratico Di Fitoterapia*, Milano 1994
- Diesel E., *Diesel L'uomo-L'opera- Il Destino*, Giulio Einaudi Editore, Torino 1945
- AA.VV., *Recupero Energie Disperse, Atti Convegno*, Milano 1979
- AA.VV., *Tutto Scienze Vol. 9*, Torino 1986
- AA.VV., *Tutto Scienze Vol. 11*, Torino 1987
- AA.VV., (Ordine Degli Ingegneri), *Emergenza Circolazione*, Roma 1989
- AA.VV., (Enea), *Risparmio Energetico n°12*, Roma 1986
- AA.VV., (Enea), *Risparmio Energetico n°13*, Roma 1986
- AA.VV., (Enea), *Risparmio Energetico n°14*, Roma 1986
- AA.VV., (Enea), *Risparmio Energetico n°14*, Roma 1986
- AA.VV., (Enea), *Risparmio Energetico n°18*, Roma 1987
- AA.VV., (Enea), *Risparmio Energetico n°21*, Roma 1988
- Avella R.- Dominici F.- Martino C.,
    Effetti Ambientali Derivanti Dall'uso Di Combustibili Convenzionali Ed Innovativi Per L'autotrazione, Roma 1986
- Garuffa E., *Il Costruttore Di Macchine*, Milano 1900
- Olivieri L. - Ravelli E., *Elettrotecnica Vol. 1°- 2°*, Cedam, Padova 1972
- Olivieri L. - Ravelli E., *Elettrotecnica Misure elettriche Vol.3°*, Cedam, Padova 1965
- Vicarelli G.V., *Castell'Azzara E Il Suo Territorio*, Siena 1967
- Bottini F. e R., *Accordare Il Pianoforte*, Bergamo 1987
- Massimo Corbucci , *Alla scoperta della particella di Dio*, Diegaro di Cesena 2006
- Massimo Corbucci, *Cosa sono e quanti sono gli elementi chimici*, Viterbo 2008

www.ingramcontent.com/pod-product-compliance
Lightning Source LLC
Chambersburg PA
CBHW060831170526
45158CB00001B/139